DIE RECHTE — DER PFERDE

Immer im Sinne der Pferde

MARLITT WENDT

DIE RECHTE — DER PFERDE

EIN PLÄDOYER FÜR TIERWOHL UND ETHIK

KOSMOS

INHALT

VORWORT

VOM REITERGLÜCK UND PFERDELEID

Die Reiterwelt ist tief erschüttert und gespalten. Es häufen sich kleinere, mittlere und riesige Skandale, oft wird zu Recht das Tierwohl im Pferdesport infrage gestellt. Manche dieser Skandale haben ihren Ursprung im Bereich der Profi-Reiterei, der vorgeworfen wird, nur den Profit und den sportlichen Erfolg zu sehen. Die Sportszene und deren Anhängerschaft zeigt wiederum bildlich gesprochen mit dem Finger auf die sogenannten Freizeitreiter, die ihre Pferde aus Unwissenheit vermeintlich pferdegerecht am langen Zügel und ohne Sattel, dafür mit weggedrücktem Rücken und ohne Ausbildung kaputt reiten würden und aus falscher Tierliebe dick und rund füttern. Diverse Tierschutzorganisationen stellen sogar die gesamte Reiterei und die Tierhaltung in menschlicher Hand komplett infrage und fordern Verbote.

Das Dilemma dabei ist, dass jede Fraktion in irgendeinem Punkt gute Gründe für diese Meinung und jene Ansicht haben und dass diese oft einfach als unumstößliche Tatsache vorgetragen wird, ohne konstruktiv aufeinander zuzugehen, die einzelnen Themenfelder und

Aspekte sachlich zu analysieren und Verbesserungsmöglichkeiten aufzuzeigen.

Veränderungen entstehen allerdings nicht durch Schuldzuweisungen und dadurch, dass sich scheinbar unüberwindbare Fronten bilden, sondern aus einem ehrlichen Dialog heraus, einem wertschätzenden Miteinander, davon bin ich fest überzeugt. Und genau hier möchte ich mit diesem Buch ansetzen.

Ein Dialog kann nur funktionieren, wenn als Basis auch Fakten von Wünschen und Idealen getrennt und vor allem das wichtigste Gut in den Mittelpunkt gerückt wird: Die Rechte des Pferdes.

Darum soll es in den folgenden Kapiteln gehen. Die ethischen Grundlagen sollen ebenso zum Thema gemacht werden wie die vielen, wissenschaftlichen Erkenntnisse rund um das Leid und das Wohlbefinden des Pferdes und die so schwierige Situation, die sich für alle Pferdeliebhaber durch die vielfältigen Ansprüche aus eigenen Wünschen, Haltungsfragen oder gesellschaftlichem Druck stellt. Denn eins ist klar: Das Thema ist hoch komplex.

Jede Situation ist anders, jedes Pferd-Mensch-Team tickt anders und jede Disziplin hat ihre eigenen Themenfelder. Daher soll das Buch vor allem zum Nachdenken anregen, nicht vorschnell zu urteilen, sondern die Gründe zu verstehen, warum es oft nicht ausreicht, etwas gut machen zu wollen, sondern es auch wirklich in Taten umzusetzen.

Als Verhaltensbiologin sehe ich meine Arbeit als die einer Botschafterin zwischen Forschung und Praxis, zwischen wissenschaftlichen Daten und der möglichen Interpretation. Als Vermittlerin setze ich mich an erster Stelle für die Rechte des Pferdes ein, da es ohne menschliche Vermittler keine Stimme hätte. Pferde sind uns insofern ausgeliefert, dass sämtliche Lebensbereiche von uns kontrolliert werden.

Wir Menschen steuern das Pferdeleben schon vor der Geburt mit der Auswahl der Zuchttiere, um dann mit unseren Entscheidungen den gesamten Lebensweg mal mehr, mal weniger bewusst zu lenken.

Von der Wahl der Haltungsform, über Fragen zur Fütterung, Ausrüstung oder zu der präferierten Reitweise: Wir sind diejenigen, die Entscheidungen treffen und mit diesen ganz entscheidend zum Wohl unseres Pferdes beitragen können. Und das nicht nur auf unser eigenes Pferd bezogen, sondern auf das Pferdewohl insgesamt. Die gesamte Pferdebranche lebt von den Entscheidungen Einzelner. Wenn bestimmte Veranstaltungen nicht mehr besucht werden, überholtes Equipment nicht mehr nachgefragt wird und das psychische und physische Wohlbefinden des Pferdes im Vordergrund steht, dann wird sich nach und nach auch im Großen etwas verändern. Wir haben es alle in der Hand, etwas zu bewegen.

GEMEINSAM SIND WIR STARK

Mein Buch soll also auch dazu dienen, sich gegenseitig anzunähern und neugierig zu werden auf das Wissen rund um die Natur des Pferdes. Denn wir Pferdefreunde haben ja etwas gemeinsam: unsere Faszination für diese wundervollen Tiere. Teil dieser Faszination ist aus meiner Sicht auch, dass man nie auslernt, wie vielfältig das Wesen und das Verhalten der Pferde ist. Jedes Pferd ist anders und hat dementsprechend auch ganz unterschiedliche Bedürfnisse. Dadurch ist es sehr spannend, die verschiedenen Bedürfnisse mit den diversen Ansprüchen und Wünschen von der menschlichen Seite her zu beleuchten, denn oft ist es gar nicht so leicht, das in Einklang zu bringen.

In den letzten Jahren der Recherche für dieses Buch habe ich mich intensiv mit diesem Spannungsfeld beschäftigt. Dabei interessiert mich besonders der Aspekt der Kommunikation zwischen Mensch und Pferd, Fragen nach den Empfindungen des Tieres und der großen Frage, ob und wie überhaupt eine Haltung und Nutzung des Pferdes noch zeitgemäß ist. Ist Reiten ethisch vertretbar? Welche Bedürfnisse können wir Pferden vorenthalten? Was ist der Preis dafür, sich von der Natur des Pferdes zu entfernen?

Aus Fragen wie diesen entstehen beim Lesen des Buches persönliche Antworten, aber auch ein Verständnis dafür, dass die Antworten bei einem anderen Menschen durchaus etwas anders ausfallen können. Eben weil er oder sie in einer anderen Lebenssituation ist und sich viele Fragen letztlich gar nicht mit einem einfachen „Ja" oder „Nein" beantworten lassen, sondern mit einem vielschichtigen „Ja, aber" oder einem „Sowohl als auch".

Eindimensionale Antworten führen nur dazu, Grabenkämpfe ums Prinzip zu führen. Erst durch die Betrachtung der vielen Aspekte und der komplexen Verflechtung der einzelnen Themen entsteht dieser Dialog, durch den wiederum schlussendlich weitere allgemeine Leitlinien entwickelt werden, die dann als Grundlage das Leben der Pferde verbessern können. Es gibt zwar, wie wir später sehen werden, bereits Leitlinien, Gesetze und auch Gebote in unterschiedlicher Ausführung. Oft sind diese aber nicht weitreichend und präzise genug, lassen daher viel Spielraum für Interpretationen, oder sie werden kaum in der Praxis umgesetzt.

Was der eine als pferdegerecht empfindet, kann so von anderen als ungenügend bezeichnet werden. Zu einer Weiterentwicklung der bereits bestehenden ethischen Grundsätze zum Pferdewohl möchte ich mit diesem Buch beitragen. Ich wünsche mir sehr, dass es mehr Diskussion über die Prioritäten einzelner Themenfelder gibt, dass auch weitere allgemeingültige Kriterien zur Bewertung des Tierwohls entwickelt werden und dass diese auch entsprechend in die Lebensrealität in der Reiterwelt Einzug erhalten. Dazu müssen alle Personengruppen bereit sein zu lernen und sich auszutauschen. Freizeitreiter ebenso wie Tierärzte, Trainer und Therapeuten; Profireiter genauso wie Stallbetreiber, Sattler oder Hufbearbeiter. Oft entstehen erst aus dem Austausch der unterschiedlichen Standpunkte und Sichtweisen konstruktive Lösungen.

DAS PFERD ALS LEBENSBEGLEITER

Nur so kann auch der Unterschied zwischen der Sicht auf das Pferd als reines „Sportgerät“ und der Sicht auf unseren vierbeinigen Freund als „Lebensbegleiter“ beleuchtet werden, denn zumeist ist das Pferd alles Mögliche gleichzeitig. Nur selten wird es als reines Nutztier, sondern eher als Freund oder wenigstens als Teampartner gesehen.

Vor allem in Bezug auf das Reiten ist es offenkundig, dass sich viele, viele Fragen ergeben, in welchem Maße diese Form der Nutzung Auswirkungen auf die Gesundheit und das Wohlbefinden des Pferdes hat und haben darf, denn auch das sind ja zwei unterschiedliche Dinge. Zum einen die aktuelle Situation zu erfassen und zu bewerten und zum anderen daraus Thesen zu entwickeln, wie es sein könnte und im Sinne des Pferdes auch sein sollte. Das Pferd kann seine Aufgabe als Reittier nur dann ausfüllen, wenn es gründlich ausgebildet und behutsam trainiert wird.

Oft verlieren wir uns in der gegenwärtigen Diskussion darin, Vorwürfe hin- und herzuschieben, ohne die tatsächliche Situation zu beleuchten und faktenbasiert zu beschreiben und daraus tragfähige Zukunftsvisionen zu entwickeln. Alles, was wir gemeinsam als Pferdemenschen erreichen könnten, wird so aufgerieben auf dem Mahlstein der Schuldzuweisungen. Die Energie und unserer Leidenschaft für Pferde verpufft so nach und nach, jede Fraktion kapselt sich in der eigenen kleinen Welt ab und umgibt sich nur noch mit gleichdenkenden Menschen.

PFERDEVERHALTEN ERKENNEN

Wir brauchen alle Energie, die wir haben, um nicht nur auf die vielen aktuell existierenden Missstände aufmerksam zu machen, sondern auch um weiteren Missbrauch am Pferd zu verhindern. Dazu ist es wichtig, auf möglichst vielen verschiedenen Ebenen anzusetzen. Wir alle müssen dazu beitragen, dass es keinen Platz für Tierquälerei unter dem Deckmantel des Pferdesports gibt. Dazu gehört auch, dass alle involvierten Personen – von den Reitkindern, die eine Partnerschaft mit dem Pferd gerade erst entdecken, bis hin zu den Berufsreitern – die Grundlagen kennen, an welchen Merkmalen man Wohlbefinden und Leid erkennen kann.

Wie sieht ein Pferd aus, das Schmerzen hat? Woran erkenne ich, dass es gestresst ist? Und wann fühlt es sich wohl, und wie kann ich erreichen, dass es sich möglichst häufig wohlfühlt? Auch darauf möchte ich in diesem Buch eingehen, da es inzwischen eine breite Basis an unterschiedlichen Informationsquellen und wissenschaftlichen Studien zu diesen Themengebieten gibt. Gemeinsam mit dem Verlag habe ich mich im Gegensatz zu meinem bereits erschienenen Buch „Was fühlt das Reitpferd?" mit vielen Fotos und Illustrationen zur Mimik und Körpersprache des Pferdes für dieses Buch dafür entschieden, mit einem Textbuch einen Schritt weiter in der Erörterung der multikausalen Zusammenhänge und der offenen Fragen in Bezug auf Pferdeethik, Ethologie und Missstände in der Pferdebranche zu gehen.

Wie so oft im Leben sind jedoch die einfachen Antworten zumeist die falschen oder vereinfachen die Problematik so stark, dass sie nichts mehr mit der vorhandenen Realität gemein haben. Wir dürfen aber bei der enormen Komplexität des Phänomens Pferd auch nicht in eine alles tolerierende Beliebigkeit verfallen, denn die modernen ethologischen Erkenntnisse sagen uns häufig eindeutig, was richtig und was falsch ist, wenn wir uns für das Tierwohl einsetzen.

Bei dieser Debatte geht es mir darum, das stille Leid mit Worten zu illustrieren und Wege aufzuzeigen, den Status quo auch für sich selbst immer wieder neu zu definieren. Es geht also nicht darum, Extrembeispiele für Missstände im Pferdebereich aufzulisten oder einzelne Personen, Verbände oder Institutionen persönlich anzugreifen, sondern darum, die Zwischentöne zu erkennen.

Jene Details zu benennen, welche oft übersehen werden, aber welche den Alltag des Pferdes um so viel bereichern würden, denn oft sind es Nuancen, die zwischen einem gut gedachten und einem gut gemachten Haltungs- oder Trainingskonzept liegen. Vermeintliche Kleinigkeiten haben häufig große Auswirkungen. Um diese Feinheiten soll es in diesem Buch auch gehen, damit jeder Leser bei sich selbst beginnen kann, Schritt für Schritt bei sich selbst und im eigenen Umfeld diese Punkte zu verbessern.

ZURÜCK ZUR NATUR?

Pferde leben heute gemeinsam mit uns unter anderen Bedingungen, als die Wildpferde in den unterschiedlichen Regionen der Erde. Wir können dem Pferd nicht dasselbe bieten, was die Natur ihm zur Verfügung stellt. Wobei sich selbst da die Frage stellt, ob ein „Zurück zur Natur“ wünschenswert wäre. Auch das ursprüngliche Pferdeleben ist in der Natur mitnichten permanent rosarot und frei von Stress.

Hier gilt es aus meiner Sicht auch wieder, sich mit einem gesunden Mittelmaß mit den grundlegenden Bedürfnissen der Tierart Pferd zu beschäftigen, aber eben auch die beschränkten Möglichkeiten der heutigen Pferdehaltung nicht aus den Augen zu verlieren und vor allem auch das Potenzial für die Zukunft zu sehen. Es war in der Vergangenheit nicht alles besser, und es ist in der Gegenwart nicht alles schlecht oder umgekehrt, sondern es gilt, das Beste aus allen Epochen herauszufiltern, um auf dieser Basis die Zukunft des Pferdes positiv gestalten zu können. Unser immenses Wissen hilft uns heute dabei, dem Pferd ein artgerechtes, lebenswertes und glückliches Pferdeleben zu ermöglichen.

Es liegt an uns, wie die Zukunft des Pferdes aussieht, wir sind ihres Glückes Schmied.

Marlitt Wendt

KAPITEL 1

DAS GLÜCK DER PFERDE

Wohlbefinden und damit auch das Pferdeglück hat viele Gesichter: Es kann sich beim zufriedenen Grasen Seite an Seite mit den anderen Herdenmitgliedern ebenso zeigen wie beim genüsslichen Wälzen im trockenen Sand. Was Glück eigentlich genau bedeutet, ist selbst für den Menschen nicht ganz leicht zu definieren. Einig sind sich die Forscher des neuen Zweiges der wissenschaftlichen Glücksforschung darin, dass Glück ein Gefühl von Zufriedenheit, ein Erleben eines gelungenen Moments mit eindeutigen physiologischen Reaktionen korreliert und dies auch bei unseren Pferden zu beobachten ist.

Glücksgefühle umfassen dabei alle positiven Empfindungen von stillen Momenten der Ruhe bis zu euphorischen Zuständen. Glücksgefühle entstehen aus der Freude an der eigenen Aktivität, aus dem Wohlbefinden des eigenen Zustands heraus oder aus einer erfüllenden Beziehung. Analog dazu können wir auch das Glück der Pferde auf vielen unterschiedlichen Ebenen betrachten: Auf der Ebene der Tierart Pferd ist es interessant sich zu vergegenwärtigen, wie das Pferd in der Natur lebt und wie es dort den Zustand der Zufriedenheit erreicht. Auf der Ebene des Individuums ist es beispielsweise wichtig, sich immer wieder zu fragen, welche Bedürfnisbefriedigung für dieses einzigartige Pferd wichtig ist. Und schließlich müssen wir uns unserer eigenen zentralen Rolle und Verantwortung stellen, wie wir auf der Ebene der Pferd-Mensch-Interaktion das Pferdeglück maßgeblich beeinflussen.

Was können wir aktiv tun oder unterlassen, damit unser Zusammensein auch vom Pferd als positiv und bereichernd empfunden wird? Im Folgenden soll es nun immer wieder um die oft falsch verstandene Natur des Pferdes gehen wie auch um das Konfliktfeld aus Wünschen und Ansprüchen des Menschen und dem Recht der Pferde auf ein pferdegerechtes Leben.

DIE NATUR DES PFERDES

Wenn wir uns nun dem Phänomen Pferd annähern möchten, werden wir mit einer Vielzahl verschiedener Erklärungsmodelle konfrontiert, die sich alle auf den vermeintlichen Naturzustand oder das romantisierte Erbe der Wildpferde beziehen.

Aber schon bereits bei dem Begriff Wildpferd muss sich unweigerlich die Frage ergeben, welches Wildpferd denn da eigentlich gemeint sein soll? Die bereits ausgestorbenen Vorfahren unseres Hauspferdes, ein naher Verwandter wie das Przewalski-Pferd oder aber ein verwildertes Hauspferd wie der Mustang? Sie alle gemeinsam einfach als Wildpferde zu bezeichnen und somit auf das wilde Erbe unserer Hauspferde zu schließen, widerspricht der wissenschaftlich belegten Realität. Alle heute frei lebenden Pferde sind nun mal keine „echten" Wildpferde mehr. Es sind verwilderte Hauspferde, also die Nachfahren ehemals domestizierter Tiere. Manche können als relativ ursprünglich gelten wie etwa die Exmoorponys in Südengland, andere wie die Namib-Pferde in der Wüste Namib, leben erst seit etwa einhundert Jahren frei und weitgehend ohne den Einfluss des Menschen. So neigte der vermutlich älteste von Menschenhand gezüchtete Pferdetyp, der orientalische Steppentyp, den wir heute zum Beispiel stark im Arabischen Vollblut wiederfinden, zu sehr engen Familienverbänden. Dagegen bildeten einige der ursprünglich aus den Kaltsteppengebieten der Erde stammenden Nordpferdetypen nur schwach ausgeprägte Herdenstrukturen aus und lebten fast wie Einzelgänger in lockeren temporären Kleinstverbänden.

Einige Pferdetypen bevorzugen also aufgrund ihrer Mentalität sehr große Gemeinschaften, andere dagegen meiden die Gesellschaft ausufernder Herdenverbände. Es gab Pferde, die weite Strecken zurücklegten und je nach Umweltbedingungen jahreszeitlich abhängige Wanderungen dem Futterangebot entsprechend ausführten und andere Pferdetypen, die aufgrund des vorherrschenden Klimas ihrer Heimat treu blieben und nur regional sehr begrenzt wanderten.

Es ist daher wenig plausibel, die Aussage zu treffen, dass sich unsere heutigen Hauspferde beispielsweise so verhalten wie Wildpferde es auch getan hätten, wenn man sich der ungeheuren Variation der ursprünglichen Pferdetypen bewusst ist.

Immer muss die Frage gestellt werden, um was für ein Pferd es sich denn handelt, über das man gerade spricht. So wird ein typisches Pony etwa seiner Herkunft entsprechend tendenziell einen geringeren Individualabstand tolerieren als ein blutgeprägtes Warmblut, welches doch eher einen größeren räumlichen Freiraum bevorzugt. Allgemeingültige Aussagen, die auf jede Situation und auf jedes Pferd zutreffen, sind kaum möglich, da es ebenso große Unterschiede zwischen den genetischen Anlagen der Tiere gibt. Wenn aber Pferdetrainer einfach willkürlich bestimmte Merkmale des Wildtyps herauspicken, um diese unseren heutigen Pferden überzustülpen, so widerspricht das der Natur unserer Haustiere und wird ihren Bedürfnissen nicht angemessen gerecht werden. „Das" eine Pferd kann es nicht geben, sondern wir müssen auch immer sein genetisches Erbe wie auch seine ganz individuelle Ausprägung berücksichtigen.

WAS BEDEUTET ARTGERECHT UND PFERDEGERECHT?

Egal ob das Thema Haltung, Fütterung oder Nutzung von Pferden diskutiert wird, immer stößt man auf den Begriff „artgerecht". Jedes Pferd soll laut Tierschutzgesetz ebenso wie jedes andere sogenannte Nutz- oder Haustier einen Anspruch auf ein „artgerechtes" Leben haben. Doch was ist damit eigentlich gemeint? Die aktuellen Missstände in der Fleischindustrie zeigen einmal mehr, dass der Begriff „artgerechte" Haltung zumindest in Bezug auf Hühner oder Schweine eine sehr fragwürdige Auslegungspraxis offenbart und ganz sicher nicht dem entspricht, was sich der Laie unter diesem Begriff vorstellt.

Und wie können wir für unsere Pferde in unserer stark urbanisierten Kulturlandschaft wirklich artgerechte Lebensbedingungen ermöglichen? Welche Haltungsform ist denn eigentlich artgerecht? Was ist pferdegerechte Fütterung? Ist der Anspruch zu reiten vereinbar mit dem Anspruch an ein pferdegerechtes Leben? Bedeutet „artgerecht" „zurück zur Natur", und wo finden wir Pferdeliebhaber uns dann in Bezug auf den Kontakt mit Pferden wieder?

Fragen über Fragen und die Beantwortung jeder dieser Fragen wirft immer neue Fragen auf. Ein so komplexes Thema kann immer nur in Aspekten behandelt werden und muss immer wieder neu ausgehandelt und durchdacht werden, um den vielen unterschiedlichen Ansätzen und Interessen gerecht werden zu können.

Oft ist die erste Assoziation, den Begriff „artgerecht" eins zu eins mit dem Begriff „natürlich" gleichzusetzen. Das wäre allerdings eine zu starke Vereinfachung, denn bei der Begriffsfindung ging es darum, unter „artgerecht“ etwas zu umschreiben, was zwar an die Natur erinnert und dem Tier das Ausleben seiner angeborenen, tierartspezifischen Verhaltensweisen ermöglicht, aber sich auf die menschliche Obhut bezieht. So gesehen kann „artgerecht“ nicht „natürlich“ entsprechen, denn die Natur hat Tierhaltung nicht vorgesehen. Wir sehen hier schnell, dass der Begriff der Natürlichkeit ein künstliches Ideal voraussetzt, welches wir in unserer modernen Welt nicht mehr angemessen für das Pferd verwirklichen könnten, selbst wenn wir es wollten. Es gibt in Mitteleuropa vermutlich kaum die Möglichkeit, riesige Hunderte Hektar große, möglichst naturnahe Areale zu umzäunen, um unserem Pferd seine eigene kleine Wildnis zu schaffen.

Wie können wir nun dennoch ein erfülltes Pferdeleben fernab der Wildnis in unserer modernen Gesellschaft verwirklichen? Unser angestrebtes Ziel eines glücklichen und erfüllten Pferdelebens können wir nur dann erreichen, wenn wir ihnen ihre Rechte nicht vorenthalten. Das bedeutet: Pferdegerecht ist ein Umgang und ein Umfeld, das ihre mentale Entwicklung und ihre kognitive und emotionale Persönlichkeitsentfaltung fördert und die physische Gesundheit der Pferde gewährleistet.

Dazu müssen Bedürfnisse des Pferdes auf sehr vielen unterschiedlichen Ebenen und in Bezug auf viele Lebensbereiche einzeln definiert und in der Folge auch wirklich gedeckt werden. Es geht nicht nur um das, was die Tierart Pferd mindestens braucht, um sich wohlzufühlen, sondern gerade um das Quäntchen, was das einzelne Individuum darüber hinaus zu dem macht, was es von Natur aus sein sollte: eine einzigartige Persönlichkeit. Dazu braucht es noch viel mehr Forschung, um essenzielle Faktoren zu erkennen, wie sich genau einzelne Rassen und Pferdetypen voneinander in ihren Merkmalen und Lebensweisen unterscheiden. Die Ansprüche, die ein ursprüngliches Mongolenpony aus dem Steppenklima Zentralasiens an eine Haltung im eher gemäßigt feuchten Klima bei uns in Mitteleuropa stellt, werden andere sein als die eines Vollblutarabers aus den trockenen Wüstengegenden des Nahen Ostens. Die Hengsthaltung an sich bedeutet, andere Herausforderungen zu managen, als die in einer gleichgeschlechtlichen Stutengruppe.

Natürlich können sich Pferde ein Stück weit an gegebene Situationen anpassen. Ihre Herkunft und ihr biologisches Erbe wird aber deutliche Unterschiede in ihrer typischen Lebensweise und ihrem Nahrungsbedarf ergeben. Pferde sind nicht alle gleich, sie unterscheiden sich in ihren Bedürfnissen, wenn man im Detail schaut, ganz extrem. Wir müssen mehr differenzieren, über welchen Pferdetyp wir in welchem Umfeld und zu welchem Zweck wir gerade sprechen.

Ob man ein Shetlandpony 24 Stunden am Tag auf dieselbe energiereiche Marschweide stellen sollte wie den voll im Training stehenden englischen Vollblüter, diese Frage wird sich für Pferdekenner erübrigen. Was für das eine pferdegerecht sein kann, kann für das andere schnell zum Desaster mit extremem Übergewicht, Stoffwechselstörungen und Reheanfälligkeit führen. Was für den einen Pferdetyp gut ist, muss also nicht zwangsläufig auch für einen anderen eine sinnvolle Vorgehensweise sein.

PERSÖNLICHKEITSRECHTE

Blicken wir auf die Situation bei uns Menschen, so definieren wir neben den grundsätzlichen allgemeinen Menschenrechten, die einen Überblick über die Mindestanforderungen an ein Recht auf ein menschenwürdiges Leben geben, auch weitere Persönlichkeitsrechte. Erst die Erfüllung der erweiterten Persönlichkeitsrechte unterscheiden eine pure Existenz eines Menschen unter prekären Bedingungen von einem lebenswerten Leben.

Die Umsetzung und Anwendung von Rechten sind in unserer modernen Welt leider immer noch an den Wert gekoppelt, den ein

Lebewesen darstellt. Wir verknüpfen die ethischen Rechte von Nutztieren traditionell mit ihrer kommerziellen Verwertbarkeit. Die Lebensmittelindustrie darf nur ethische Zugeständnisse machen, wenn dies nicht den Profit schmälert, die profitable und weltumspannende Sportszene rund um das Pferd kann dabei den Tieren auch nur so viel Empfindsamkeit und Leidensfähigkeit zugestehen, um ihr etabliertes Geschäftsmodell weiterhin unverändert praktizieren zu können. Im Bereich der Freizeitpferde steht das Festhalten an Traditionen den Rechten der Pferde noch immer entgegen.

Der Weg zu einem pferdegerechten Leben ist nur möglich, wenn wir unsere Argumentation auf wissenschaftliche Fakten stützen und wir so ihren Status von einem seelenlosen Ding zu einer empfindsamen Persönlichkeit transformieren. In den folgenden Kapiteln werden wir sehen, welchen weiten formalrechtlichen Weg wir bereits gegangen sind und ob wir uns mit der Umsetzung dieser Maßnahmen schon zufriedengeben können.

KAPITEL 2

PFERDESCHUTZ UND TIERSCHUTZGESETZ

Grundlage des Pferdeschutzes ist das Deutsche Tierschutzgesetz (TschG 2013), welches vor über 20 Jahren (2002) bereits ins Grundgesetz aufgenommen wurde, um ihm als Staatsziel mehr Gewicht zu verleihen. Zentral für das Deutsche Tierschutzgesetz ist der Grundsatz der Verantwortung des Menschen zur Fürsorge gegenüber dem Tier als Mitgeschöpf und findet sich in dem allseits bekannten § 1 des Tierschutzgesetzes wieder: *„Zweck dieses Gesetzes ist es, aus der Verantwortung des Menschen für das Tier als Mitgeschöpf dessen Leben und Wohlbefinden zu schützen. Niemand darf einem Tier ohne vernünftigen Grund Schmerzen, Leiden oder Schäden zufügen."*

Der engagierte Pferdeschützer, die interessierte Tierschützerin findet in den Gesetzestexten auch die rechtliche Grundlage und die wesentlichen Vorschriften zur Tierhaltung, zur Zucht und zum Handel von Tieren, zur Tötung oder zur Versuchstierhaltung. Dies alles ist allerdings die Grundlage, auf der es wiederum genauere Richtlinien für die verschiedenen Tierarten gibt. Einige dieser Richtlinien für Pferde finden sich in den später genauer beleuchteten Richtlinien der FN (siehe Seite 34).

Schon im Gesetzestext von § 1 des Tierschutzgesetzes finden sich diverse Begriffe, die bei näherer Betrachtung keine allgemeingültige Bedeutung haben, sondern wiederum jeweils genau definiert werden müssen. Denn sowohl die Begriffe Schmerzen, Leiden oder Schäden als auch der Begriff des Wohlbefindens oder die Einordnung der erwähnten vernünftigen Gründe sind nicht trivial, sondern äußerst komplex.

Als vernünftige Gründe sieht der Gesetzgeber solche, welche im Sinne der vorgesehenen Nutzung notwendig, also in sich nachvollziehbar sind. Das sind sie laut Gesetzeslage immer dann, „wenn er als triftig, einsichtig und von einem schutzwürdigen Interesse getragen anzuerkennen ist und wenn er unter den konkreten Umständen schwerer wiegt als das Interesse des Tieres an seiner Unversehrtheit und an seinem Wohlbefinden".

Die Begriffe Wohlbefinden, Schmerzen, Leiden oder Schäden beschreiben ebenso wie Angst, Stress, Entspannung oder Trauer Empfindungen des Tieres. Sie umfassen die gesamte Bandbreite der möglichen Empfindungen vom positiven Spektrum als Kennzeichen von Tierwohl auf der einen Seite, bis hin zu negativen Empfindungen als Gegenstand von Leid.

Auf internationaler Ebene wird zur Beurteilung des Tierwohls nicht das Deutsche Tierschutzgesetz herangezogen, sondern häufig das Bewertungskonzept zur Tierhaltung des „Farm Animal Welfare Councils" (FAWC 1979) mit seinen fünf Forderungen an eine tiergerechte Haltung in Obhut des Menschen, die als „Five Freedoms" (Fünf Freiheiten) bezeichnet werden. Mit ihnen soll den Empfindungen der Tiere und nicht ihrer puren Existenz Rechnung getragen werden. In diesem Konzept geht es also nicht nur um die Sorgfaltspflicht des Menschen, sondern um die elementaren Rechte des Tieres.

FREIHEIT VON HUNGER UND DURST

Freiheit von Hunger und Durst, um damit beispielsweise den Zugang zu Wasser zu regeln oder die Häufigkeit der nötigen Futtergabe und Futtermenge zu bestimmen. Die Einhaltung dieses ersten Aspekts kann beispielsweise über einen Hautfaltentest, über den man Dehydration feststellen kann, ermitteln werden. Dazu wird am Hals des Pferdes etwas Haut zwischen Daumen und Zeigefinger genommen, losgelassen, abgewartet und beobachtet, wie schnell die Hautfalte sich wieder in die normale Position zurückzieht. Bei einem vitalen Pferd geht das augenblicklich, bei einem unter Flüssigkeitsverlust leidenden dauert der Rückgang der Falte deutlich länger. Die Falte bleibt also sichtbar für einige Sekunden stehen, je länger sie zu beobachten ist, desto dehydrierter ist das Pferd.

Ein zweites wichtiges Verfahren in diesem Bereich der ersten Forderung der Five Freedoms ist der sogenannte Body Condition Score (BCS), der mit seiner Skala von 1 bis 9 ein Hilfsmittel zur Einschätzung des Ernährungszustandes des Pferdes ermöglicht. Neben dem genauen Wiegen des aktuellen Körpergewichts werden für die Beurteilung des körperlichen Zustandes von geschulten Fachleuten sechs typische Fettspeicher am Pferdekörper in ihrer Ausprägung geprüft. Nach der Prüfung wird der Ernährungszustand des Pferdes je nach Rasse und Pferdetyp mit Noten von 1 (unterernährt) bis 9 (adipös, extrem fett) beschrieben. Dieses Verfahren ist äußerst hilfreich, um auch die langfristigen Schäden von Unterernährung und Fettleibigkeit zu vermeiden.

FREIHEIT VON UNBEHAGEN

Die zweite Forderung der Five Freedoms bezieht sich auf die Freiheit von Unbehagen durch die Umgebung. Hier können Aspekte wie die Größe der Auslauffläche, die Beschaffenheit der Liegeflächen oder die Haltung während der Nahrungsaufnahme betrachtet werden. So wäre beispielsweise das Vorhandensein von wiederkehrend angelaufenen Beinen vieler Boxenpferde ein solcher Hinweis auf die Nichteinhaltung dieses zweiten Punktes. Bei den allermeisten Fällen lässt sich das Problem des Lymphstaus in den Beinen mit einer artgerechten Haltungsform mit mehr Bewegungsmöglichkeiten sofort beheben.

Auch die Art und Weise der Heufütterung kann hier genauer unter die Lupe genommen werden. So kann ein ungünstig aufgehängtes Heunetz das Pferd in eine anatomisch schwierige Position beim Fressen bringen, welche wiederum auf Dauer zu Verspannung, Schmerzen oder gar arthrotischen Veränderungen im Bereich des Genicks oder der Wirbelsäule führen kann.

FREIHEIT VON SCHMERZEN, VERLETZUNGEN UND KRANKHEITEN

Punkt drei der Liste der Five Freedoms beschreibt die Freiheit von Schmerzen, Verletzungen und Krankheit. Hier wird also nach internationalem Standard Wert darauf gelegt, eine gezielte Gesundheitsprophylaxe zum Beispiel durch Blutbildanalysen, über notwendige Impfungen oder die gezielte Gabe von Wurmkuren nach Bedarf zu ermöglichen. Das Pferd soll so ein möglichst langes, gesundes Leben haben, da Krankheiten frühzeitig erkannt werden können.

Unter diesem Aspekt der Forderungen der Five Freedoms werden auch sämtliche akute und chronische Krankheitsbilder zusammengefasst, um das bestmögliche Gesundheitsmanagement für eben dieses Tier zu ermöglichen. Denn während es beispielsweise für viele gesunde und vitale Pferde im Sommer ausreicht, einen schattigen Unterstand oder den dunklen Schatten großer Bäume aufsuchen zu können, bedeutet Freiheit von Schmerzen, Verletzungen und Krankheit für einen Exemer einen wesentlich größeren Aufwand. Hier wird man zusätzlich beispielsweise einen mit Lamellenvorhängen verschlossenen, kühlen Stall aus Stein vorziehen, bisweilen eine Exemerdecke nutzen müssen oder aber durch diverse Salben oder eine angepasste Fütterung für Linderung sorgen.

FREIHEIT ZUR AUSLEBUNG ARTTYPISCHEN VERHALTENS

Der vierte Bereich der Five Freedoms beschreibt den Aspekt der Freiheit zur Auslebung der arttypischen Verhaltensweisen und bezieht sich damit auf den Flächenbedarf oder die Beschaffenheit des Untergrunds ebenso wie auf die vielen verschiedenen Dinge, die nötig sind, um einen bestimmten Lebensbereich des Pferdes ausleben zu können. Pferde sollen also nicht nur die Möglichkeit zum Fressen und Trinken haben, sondern natürlich auch zum Wälzen, Erkunden oder zum Kontakt mit Artgenossen.

Ein wichtiger Hinweis auf das Nichteinhalten dieser Forderung sind Verhaltensauffälligkeiten und Verhaltensstörungen. Besonders aggressives Verhalten, ein Sich-Zurückziehen oder permanente Verletzungen weisen darauf hin, dass dem Pferd das Ausleben seiner Bedürfnisse erschwert ist. Echte Verhaltensstörungen wie Koppen oder Weben sind immer auch ein Warnsignal, da sie im Verhaltensrepertoire wild lebender Pferde nicht vorkommen und neben anderen Ursachen vor allem haltungsbedingt sind.

FREIHEIT VON ANGST UND LEID

Die fünfte und letzte Forderung der Five Freedoms des „Farm Animal Welfare Councils" umfasst die Freiheit vor Angst und Leiden. Hier sind beim Pferd als Beispiel die Trennungsangst zu nennen, die durch einen häufigen Wechsel innerhalb der Herde oder schlicht durch Ausritte ohne die anderen Herdenmitglieder ohne vorausgehendes Training entstehen kann.

Auch nicht-kurative Eingriffe am Pferd sollen so infrage gestellt werden. So ist das sogenannte Clippen des Pferdes, also die gezielte Entfernung der Tasthaare im Maulbereich des Pferdes in Deutschland bereits lange verboten, da es eine Verstümmelung dieses wichtigen Sinnesorgans darstellt und so Leid beim Pferd verursacht. Pferde benötigen die auch als Vibrissae bezeichneten Tasthaare für ihren hoch entwickelten taktilen Sinn. Sie können mithilfe der Tasthaare ihre Nahrung besser begutachten oder Entfernungen zu Objekten abschätzen, indem sie die Distanz mit den Tasthaaren prüfen. Ohne diese wichtigen Sinnesorgane reduziert sich ihr räumliches Wahrnehmungsvermögen drastisch, und die Verletzungsgefahr durch unbeabsichtigtes Anstoßen an Gegenstände steigt erheblich. In vielen anderen Ländern ist ein solches generelles Verbot noch nicht umgesetzt und beispielsweise im Showbereich bei Vollblutarabern oder Quarter Horses eine weitverbreitete Praktik, um die subjektiv empfundene Schönheit des Pferdekopfes angeblich zu unterstreichen. International verbietet die FEI das Rasieren der Tasthaare auf Turnieren am Kopf erst seit dem letzten Jahr.

In diesen Bereich kann auch die Frage fallen, ob und unter welchen Voraussetzungen es gerechtfertigt ist, einen Hengst zu kastrieren, da auch die Entfernung der Hoden, und damit die Amputation eines gesunden Körperteils, einen solchen elementaren Eingriff in die Persönlichkeit des Pferdes darstellt.

Ebenso fällt unter diesen Punkt der gesamte Bereich des Umgangs und Trainings des Pferdes. Auch hier soll dem Pferd kein Leid zugefügt und Ängste vermieden werden. Zur Beurteilung des Handlings und der Pferdeausbildung kann das sogenannte Meideverhalten beschrieben werden. Damit ist gemeint, wie offen und freundlich sich das Pferd aktiv auf den Menschen zubewegt oder im Gegensatz dazu den Menschen meidet, oder gar vor ihm flüchtet.

Five Freedoms

1. Freiheit von Hunger und Durst
2. Freiheit von Unbehagen
3. Freiheit von Schmerzen, Verletzungen, Krankheiten
4. Freiheit zur Auslebung arttypischen Verhaltens
5. Freiheit von Angst und Leiden

BUSINESS AS USUAL

Sowohl im Gesetzestext des Deutschen Tierschutzgesetzes als auch in den Richtlinien der FN oder den Five Freedoms des „Farm Animal Welfare Councils" werden Empfindungen und Befindlichkeiten von Tieren erwähnt. Tierschutz bedeutet also vor allem auch, eine Einschätzung der gesamten Lebenssituation des Tieres unter Einbeziehung seiner Psyche. Daher ist es entscheidend, dass die wichtigsten Empfindungen definiert und beschrieben werden. Erst auf Basis einer guten, allgemeingültigen Definition, die sich auch auf wissenschaftliche Parameter und nachprüfbare Kenngrößen stützt, wird praktische Pferdeschutzarbeit möglich sein.

Doch wir dürfen uns nicht mit diesen Gesetzen, Richtlinien und blumig formulierten Selbstverpflichtungen zufriedengeben, wenn deren Einhaltung und Kontrolle nicht gegeben sind. Wir sind leider noch weit entfernt von der Tatsache, dass diese Formulierungen bereits in der Realität verwirklicht wurden, denn paradiesische Zustände findet man nirgends, wo Natur auf Kommerz trifft. In unserer aufgeklärten modernen Konsumgesellschaft dürfte es offiziell aber auch keine Kinderarbeit, Sklaverei, Tierleid und Ausbeutung der Natur geben.

Aber wo finden wir beispielsweise die nötige Gewaltenteilung in der Reitsportindustrie? Wo sind die Veranstalter unabhängig von den kommerziellen Interessen ihrer Sponsoren? Wie souverän können Tierärzte und Punktrichter ihre Entscheidungen treffen, wenn sie als Rädchen innerhalb einer Profitmaschinerie agieren müssen, um nicht durch andere willfährige Akteure ersetzt zu werden?

Wir dürfen zum Schutz unserer Pferde mehr verlangen als das, was die verantwortlichen Institutionen mit wohlklingenden Lippenbekenntnissen erklären, um kurz darauf „Business as usual“ weiterzubetreiben.

KAPITEL 3

PFERDEETHIK VERSTEHEN

Wir Pferdefreunde treffen immer wieder auf Fragen nach der Richtigkeit unseres eigenen Handelns und des von anderen Personen. Dabei gibt es stets ein Für und Wider zu berücksichtigen, und eine Entscheidung kann nur vor dem Hintergrund der eigenen Werte und Prämissen geschehen. Darum geht es in der Pferdeethik: Als Teilgebiet der Philosophie stellt sich die Ethik sämtlichen moralischen Themen der Bewertung menschlichen Handelns, der Begründbarkeit seines Schaffens und der Selbstreflexion. Dabei wird man immer wieder zur Erkenntnis kommen, dass das gesamte Leben ein Kompromiss bleibt.

Alle moralischen Werte und ethischen Grundsätze gleichzeitig zu erfüllen, gelingt oft nicht einmal im eigenen Leben, geschweige denn in Hinblick auf unsere Verantwortung gegenüber einem Tier. Ein Beispiel: Der Mensch ist von der Natur nicht zum Sitzen gemacht worden. Dennoch sehen wir es oft genug als notwendig an, in der Schule oder im Büro viele Stunden lang auf einem Fleck zu sitzen. Hier stellt sich die ethische Frage, ob der so gefundene Kompromiss, die anstehende Arbeit bequem zu erledigen, gesund und gut für den Menschen als solches ist.

Analog dazu ist es eine ethische Frage, ob wir ein Pferd reiten wollen. Pferde sind von ihrer Natur aus nicht als Lastenträger vorgesehen. Wenn wir sie dennoch reiten wollen, ist es unsere moralische Verpflichtung zu entscheiden, wie wir die Ausbildung fair gestalten, ihre Muskulatur durch Training kräftigen oder passendes Equipment auswählen.

Für manche dieser ethischen Fragen gibt es sogar gesetzliche Grundlagen und Bestimmungen, auf die unsere Handlungen begründet sein müssen. Niemand darf ein Pferd hungern lassen oder ihm eine nötige tierärztliche Notfallbehandlung verwehren. Aber in vielen anderen Situationen und in unserem kompletten Alltag reicht es nicht aus, sich mit den gesetzlichen Richtlinien zu beschäftigen, sondern man benötigt eigene ethische Grundsätze. Wir müssen für uns persönlich entscheiden, ob wir als Person reiten wollen, da das Reiten an und für sich bedeutet, dass wir auf dem Rücken eines anderen Lebewesens Platz nehmen, es lenken oder das Tempo bestimmen wollen.

Wir müssen für uns persönlich entscheiden, ob wir zu schwer für ein bestimmtes Pferd sind, das Pferd zu untrainiert ist oder zu alt, um von uns geritten zu werden. Wir müssen abwägen, ob wir diesen oder jenen Ausbildungsgegenstand nutzen, die eine oder andere Trainingsmethode wählen oder eine engmaschige Gesundheitsvorsorge vornehmen oder nicht.

Da es unendliche viele solcher Fragestellungen gibt, wird klar, dass es fast keine Situationen gibt, in denen es eine einzige richtige Lösung gibt. Zu vielfältig sind Ursache und Wirkung, Lebenserfahrungen oder auch schlicht finanzielle Möglichkeiten. Es bleibt also immer die Krux bei aller Pferdeliebe, alles, was wir tun und lassen, von einer moralischen Warte aus zu betrachten und unsere Entscheidungen unter ethischen Gesichtspunkten zu treffen.

Nehmen wir als ein weitverbreitetes Beispiel das Thema „Euthanasie – Wann darf man ein Pferd einschläfern lassen?". Die gängigste Antwort auf die Frage nach dem „Wann" ist die Antwort in Hinblick auf das Leid des Pferdes. Das Pferd soll nicht leiden, und wenn es das tut, dann wird es durch das Einschläfern erlöst. Der Gedanke dahinter wäre überspitzt formuliert: Ein totes Pferd leidet nicht. Es lebt allerdings auch nicht mehr und der Tod ist ein einmaliges Ereignis und kann nicht rückgängig gemacht werden.

Und es darf auch nicht übersehen werden, dass Leben immer auch Leiden bedeutet. Bis zu einem gewissen Grad leidet jedes Geschöpf sein ganzes Leben auf dieser Erde. Wir werden geboren, um zu sterben, das ist ein biologisches Grundprinzip. Niemand ist jede Sekunde des Lebens übervoll von Glücksseligkeit. Es ist völlig normal, sei es beim Pferd oder beim Menschen, dass wir nicht sämtliche Entwicklungen vorhersehen und jegliches Leid abwenden können. Krankheiten, Schmerzen, Trauer oder Stress gehören zu jedem Leben dazu.

Hilfreicher als der unerfüllbare Wunsch, das Leid als solches verhindern zu wollen, ist der Gedanke an die Hoffnung. Stellt man sich ethische Fragen vor diesem Hintergrund, so wird klarer, dass sie eine Entscheidungshilfe sein können. Denn wenn es eine begründete Hoffnung gibt, dass ein Pferd durch Medikamente oder eine Operation wieder gesund wird, dann sollte man es eventuell zunächst tiermedizinisch behandeln und nicht direkt einschläfern lassen.

Doch auch diese Frage führt wieder zu weiteren Fragen, da es ja nicht immer möglich ist, die Gesundheit zu hundert Prozent wiederherzustellen. Sollte man es dann gar nicht erst versuchen? Hier hilft es, sich auf die Grundsätze des pferdewürdigen Lebens zurückzubesinnen. Es hilft eine so schwierige Entscheidung zu treffen, wenn man sich überlegt, ob das Pferd unabhängig von unserem Wunsch der Nutzung noch ein normales Pferdeleben führen kann und zum Beispiel mit den anderen Pferden frei über eine Weide spazieren und sich seines Lebens erfreuen kann.

Eine weitere Entscheidungshilfe bei solchen ethischen Fragen ist das utilitaristische Grundprinzip, also das Prinzip der Kosten-Nutzen-Abwägung. Es stellt sich immer auch eine Frage der schnöden Durchführbarkeit, über die wir unsere Entscheidungen treffen. Wollen wir beispielsweise einem Pferd zumuten, monatelang in einer Aufhängevorrichtung zu verbringen, wenn unklar ist, ob es hinterher wieder laufen kann? Wollen und können wir Hunderttausende von Euro in eine Behandlung mit ungewissem Erfolg stecken? Als Beispiel gibt es in den USA Fälle, bei denen selbst einem beinamputierten Elefanten eine Beinprothese angefertigt wurde, mit deren Hilfe er ein glückliches Leben mit Einschränkungen führen kann.

Prinzipiell möglich ist also vieles, es stellt sich aber die Frage, wie weit man persönlich bereit ist zu gehen. Dies kann nur auf der Grundlage der eigenen Werte und aufgrund der Informationen geschehen, die man zu der Fragestellung von Experten einholt. Gemeinsam mit dem Tierarzt wird man den Zeitpunkt für das Einschläfern des eigenen Pferdes eventuell leichter finden können als allein. Von außen betrachtet können Fakten und Wahrscheinlichkeiten besser und nüchtern betrachtet werden, als wenn man emotional involviert ist und der Abschiedsschmerz von unserem geliebten Pferd einer der größten inneren Antreiber ist. Hat man einmal eine Entscheidung auf Basis der ethischen Grundhaltung gefällt, so führt diese Entscheidung über das „Wann“ immer noch zu weiteren Fragestellungen, die ebenfalls nur ganz persönlich beantwortet werden können. Dann geht es um die Frage nach dem „Wie“. Wie würden wir uns ein würdiges Ende eines Pferdelebens vorstellen? Welche Euthanasiemethoden gibt es, und wie sehen ihre Vor- und Nachteile aus? Und es stellt sich auch die Frage nach einem behutsamen Abschied für die anderen Herdenmitglieder und nicht zuletzt für uns selbst.

FRAGEN UND FOLGEN DES HANDELNS

Pferdeethik bedeutet also, sich auch den unangenehmen Fragen des Lebens mit Pferden zu stellen und das bestmögliche aus allen Situationen zu machen, die uns das Leben beschert. Es bedeutet, uns selbst ehrlich und klar zu sehen, mit unseren Hoffnungen und Wünschen, mit unserem Wissen und Können, aber auch mit unserer Verzweiflung, dem Ehrgeiz und der Trauer und all jenen Gefühlslagen, die wir bei uns selbst häufig nicht ganz so gern ansehen wollen. Das Leben besteht aus allen Facetten des Gefühlsspektrums und die ethische Grundhaltung gegenüber dem Pferd ermöglicht es, sich immer wieder diesen Grundfragen des Miteinanders und des puren Daseins auf dieser Welt zu stellen.

Pferdethik bedeutet auch, das Ausmaß der Folgen des eigenen Handelns für das Pferd zu sehen. Es geht darum, Überforderung zu verhindern, die physische und psychische Belastbarkeit eines Pferdes zu beurteilen und auch, um Fragen nach der wie auch immer gearteten Nutzung des Pferdes zu stellen. Sich und den Status quo infrage zu stellen, das ist das Ziel der Pferdeethik.

Auch die FN hat zu diesem so wichtigen Thema 1995 eine sehr gute Broschüre herausgebracht, in der in neun Aspekten ethische Fragen beleuchtet werden und die damit als gute Gedankenstütze für den persönlichen Weg mit dem Pferd dienen kann. Sie kann kostenlos auf der Webseite der FN als PDF-Dokument heruntergeladen werden (siehe Seite 158).

Die Publikation ist eine gute Sammlung der ethischen Grundhaltung des Pferdemenschen und eine klare Orientierung für das Wohl des Pferdes. Ich persönlich würde mir wünschen, dass dieses kleine Regelwerk, welches so viele essenzielle Themen umfasst, noch mehr Beachtung findet und vor allem im Herzen aller Akteure eine Veränderung der Handlungen bewirkt. Im Folgenden möchte ich die

Ethischen Grundsätze der FN und meine Gedanken dazu etwas näher vorstellen.

DIE ETHISCHEN GRUNDSÄTZE DES PFERDEFREUNDES

1. *Wer auch immer sich mit dem Pferd beschäftigt, übernimmt die Verantwortung für das ihm anvertraute Lebewesen.*
   Gleich der erste der neun ethischen Grundsätze des Pferdefreundes der FN hat es in sich, denn er verdeutlicht den Kernpunkt der Verantwortung. Wir als Menschen sind es, die als vernunftbegabte Wesen überhaupt in der Lage sind, Gesamtsituationen zu bewerten, Informationen zu sammeln und auf dieser Basis Entscheidungen zu treffen. Pferde sind uns ausgeliefert und in ihrem gesamten Leben von unseren Möglichkeiten abhängig. Das sollten wir uns immer bewusst machen und damit den Respekt vor dem Lebewesen Pferd, seiner Persönlichkeit und Andersartigkeit wahren. Sein Wohl liegt in unserer Hand.
   Die FN beschreibt in ihren Grundsätzen vor allem auch die Vorbildfunktion der Reiter in der Öffentlichkeit. Unabhängig von der Rasse des Pferdes oder dem Ausbildungsstand des Reiters soll die Fairness und Achtung gegenüber dem Pferd nach außen hin sichtbar sein.

2. *Die Haltung des Pferdes muss seinen natürlichen Bedürfnissen angepasst sein.*
   Zu diesem Aspekt heißt es in der Broschüre der FN: *„Tierliebe allein reicht für die Betreuung eines Pferdes nicht aus."*
   Der zweite Punkt der Ethischen Grundsätze des Pferdefreundes zielt auf die vielfältigen natürlichen Bedürfnisse des Pferdes und

die daraus entstehenden Schwierigkeiten in der Umsetzung in der Pferdehaltung ab. Wer ein Pferd hält, der braucht Fachwissen, welches auch immer erweitert und aktualisiert werden sollte, da die Ansprüche des Pferdes in sämtlichen Belangen groß sind. Die Natur soll also das Vorbild liefern, an dem wir uns als Pferdefreunde orientieren.

Wie an anderer Stelle im Buch bereits ausgeführt (Seite 18), ist eine stärkere Abweichung vom Pferdeleben in Freiheit in unserer Haltung immer ein Kompromiss und kann auf Kosten von Gesundheit und Lebensfreude des Tieres gehen. Die Grundfrage in Bezug auf die Pferdehaltung stellt sich dabei für mich: Was kann ich für das Pferd tun und nicht, was das Pferd für mich? Wir sind in der Verpflichtung, Unbequemlichkeiten und Kosten in Kauf zu nehmen, um den Lebensraum des Pferdes zu gestalten, zu einem angemessenen Raum fürs Pferdeleben werden zu lassen, nicht nur zu einem Aufbewahrungsort.

Gute Pferdehaltung macht sehr viel Arbeit, bedeutet Mühe rund ums Jahr und kostet dazu noch sehr viel Geld. Wer nicht bereit ist, das eine wie das andere zu investieren, der ist besser mit einer Beteiligung an einem Pferd oder gar einem anderen Hobby beraten und noch nicht reif für die Haltung eines eigenen Pferdes.

3. *Der physischen wie psychischen Gesundheit des Pferdes ist unabhängig von seiner Nutzung oberste Bedeutung einzuräumen.*
In diesem Grundsatz wird das Ineinandergreifen von physischen und psychischen Aspekten verdeutlicht. Nur wer beides berücksichtigt, handelt im Sinne des Pferdes. Dabei soll die Fürsorge für das Pferd unabhängig von seiner Nutzbarkeit und der Art der Nutzung sein. Gerade dieser ethische Grundsatz wird aus meiner Sicht in der Praxis häufig missachtet. So sind viele Sportpferde etwa in Hinblick auf ihren Trainings- und Ernährungszustand

oder die gesundheitliche Vorsorge sehr gut betreut, aber leiden auf der psychischen Ebene unter Mängeln in Hinblick auf eine artgerechte Haltungsform mit viel freier Bewegung in einer Herde. Es zeigt sich leider, dass sich der Wert eines Pferdes offenbar doch auch zu großen Teilen an der Nutzbarkeit orientiert.
Ein Blick in die Verkaufsanzeigen im Internet genügt, um festzustellen, dass überall Plätze für Beistellpferde, Pferdesenioren und gehandikapte Pferde gesucht werden. Die Pferdeschutzhöfe quellen über mit ungewollten, nicht reitbaren Pferden. Oft genug entziehen sich Menschen ihrer Verantwortung für das lange Pferdeleben, indem sie sich ihres Teampartners entledigen, sobald er die Leistung, die von ihm erwartet wurde, nicht mehr erbringen kann. Das eine Pferd geht, ein anderes rückt als Reitpferd nach.
Die gesamte Pferdeszene muss sich mit diesem ethischen Grundsatz des Pferdefreundes intensiv befassen. Wohin mit all den alten oder kranken Pferden? Wohin mit jenen, für die es keinen Markt gibt, weil die Rasse gerade nicht in Mode oder die Fellfarbe nicht angesagt ist? Wohin mit den ausrangierten Schulpferden und alten Zuchtstuten, die ihr Leben lang dem Menschen gedient haben? Müssen wir alle mehr Vorsorge darüber treffen, wie wir auch die hohen entstehenden Kosten für die Unterbringung all dieser Pferde langfristig decken können? Es ist ein Problem der gesamten Pferdeszene, für die es gilt, Lösungen zu suchen.

4. *Der Mensch hat jedes Pferd gleich zu achten, unabhängig von dessen Rasse, Alter und Geschlecht sowie Einsatz in Zucht, Freizeit oder Sport.*

Auch der vierte Punkt der Ethischen Grundsätze des Pferdefreunds zielt im Kern genau auf dieses Thema ab. Alle Pferde sind auf ihre ureigene Art schützenswert. Die Wertschätzung und Achtung, sollte sich auf das Geschöpf Pferd an und für sich richten und sich

nicht am Aussehen, seinem Können oder Alter festmachen. Hervorgehoben wird in der Broschüre auch die Notwendigkeit der Erhaltung der Vielfalt der Rassen und Pferdetypen. Nur durch eine große Variabilität kann auch der riesige Genpool erhalten bleiben, der nötig ist, um die Gesundheit des Pferdes und das kulturgeschichtliche Erbe der Menschheit zu wahren.
Aus meiner Sicht ist es nötig, dass eine Bewegung innerhalb der Pferdeszene entsteht, die primär die Tierart Pferd im Fokus hat. Seine Natur und besonderen Bedürfnisse, das macht die Faszination Pferd für mich aus. Es gilt, sich auf das Verstehen des Pferdes zu konzentrieren und weniger über unterschiedliche Nutzungsarten, Turniererfolge oder den Kauf von Glitzerschabracken nachzudenken. Das Pferd selbst ist Faszination genug, jedenfalls für einen wahren Pferdefreund. Es braucht keine künstliche Aufwertung von außen.

5. *Das Wissen um die Geschichte des Pferdes, um seine Bedürfnisse sowie die Kenntnisse im Umgang mit dem Pferd sind kulturgeschichtliche Güter. Diese gilt es zu wahren und zu vermitteln und nachfolgenden Generationen zu überliefern.*
Dieser fünfte Punkt stellt in der Veröffentlichung der FN den Schatz dar, den alles Wissen rund ums Pferd in seiner kulturgeschichtlichen Bedeutung für das Heute und auch für das Morgen hat. Wissen, Kenntnisse und Fähigkeiten sollen nicht verloren gehen, sondern in die nächste Generation weitergegeben werden. Das bedarf gründlicher Anleitung und dem inneren Wunsch, vor allem das Pferdewohl im Blick zu behalten. Wir sind es, die entscheiden, welche Umgangsformen und Trainingsmethoden sich eventuell überholt haben und wo traditionelles Wissen um neue Erkenntnisse ergänzt werden kann. Die Schnittstelle zur Wissensvermittlung sind vielseitig ausgebildete Trainer.

Die Tradition kann die Basis sein, die Wissenschaft und Forschung am Pferd kann Fakten liefern, diese Traditionen zu überprüfen und zu erweitern. Daher ist es nötig, ein gutes Miteinander von Vertretern der theoretischen Forschung und der praxisorientierten Berufsbilder zu gewährleisten. Daneben haben wir alle als Pferdemenschen eine große Vorbildfunktion. Wir können uns mit unseren Handlungen positionieren und so eine Orientierung bieten, was pferdegerechte Haltung und artgerechter Umgang in Zukunft bedeuten könnte. Regelwerke und Richtlinien sollen dabei die Verpflichtung und die Verantwortung gegenüber dem Pferd in den Vordergrund stellen.

6. *Der Umgang mit dem Pferd hat eine persönlichkeitsprägende Bedeutung gerade für junge Menschen. Diese Bedeutung ist stets zu beachten und zu fördern.*
Die direkte Wirkung des Pferdes auf die Persönlichkeit und das Verhalten des Menschen wird unter diesem Aspekt der Ethischen Grundsätze des Pferdefreundes beschrieben. Wir können von Pferden so viel mehr lernen als wir ihnen beibringen können, gerade wenn wir unsere gesellschaftlichen Grundwerte betrachten. Pferde helfen uns, unsere Persönlichkeit positiv zu entwickeln, sie zeigen uns, was Toleranz, Fairness, Rücksichtnahme oder Verantwortung bedeuten. Gerade in Bezug auf die nächsten Generationen ist der Stellenwert eines Umgangs mit dem Lebewesen Pferd von großer Bedeutung. Wir als Gesellschaft entfernen uns immer weiter von der Natur. Die Beschäftigung mit dem Pferd kann helfen, eine Brücke zu bauen zu den Gesetzen der Natur, zu andersartigen Lebewesen und damit zu Fragen nach sich selbst und unseren Platz auf dieser Welt.
Die FN schreibt an dieser Stelle: *„Das Pferd gibt dem Menschen ein Stück verlorener Natur zurück.“*. Der berühmte Verhaltensfor-

scher und Nobelpreisträger Dr. Konrad Lorenz drückt mit seinem wundervollen Zitat einen ähnlichen Aspekt aus: *„Der Wunsch, ein Tier zu halten, entspringt einem uralten Grundmotiv – nämlich der Sehnsucht des Kulturmenschen nach dem verlorenen Paradies.“* Wir sind es, die für unsere Kinder und uns ein Stück vom Pferdehimmel auf Erden für das Pferd erschaffen können.

7. *Der Mensch, der gemeinsam mit dem Pferd Sport betreibt, hat sich und das ihm anvertraute Pferd einer Ausbildung zu unterziehen. Ziel jeder Ausbildung ist die größtmögliche Harmonie zwischen Mensch und Pferd.*
   Laut Punkt sieben auf der Liste der Ethischen Grundsätze des Pferdefreundes finden wir nun die Verpflichtung zur eigenen Ausbildung und lebenslangen Fortbildung. Aus Respekt vor dem Pferd können wir auf diesem Wege das Bestmögliche aus uns herausholen. Das beinhaltet für mich sowohl Themen, die direkt auf die Ausübung des Hobbys Reiten oder Fahren bezogen sind, als auch unsere generelle Fitness oder unser theoretisches Grundwissen.
   Es gibt Aspekte, denen man noch nicht so viel Beachtung geschenkt hat. Diese aufzuspüren und Lücken im eigenen System aufzudecken, ist ein großer Anspruch an sich selbst. Insofern hat das Thema Pferd nicht nur ein Hobby, das man einfach hin und wieder zum eigenen Vergnügen betreibt, sondern bedeutet eine Lebensschule. Dazu ist ein hohes Maß an Kritikfähigkeit und Selbstreflexion nötig.

8. *Die Nutzung des Pferdes im Leistungssport sowie im allgemeinen Reit-, Fahr- und Voltigiersport muss sich an seiner Veranlagung, seinem Leistungsvermögen und seiner Leistungsbereitschaft orientieren. Die Beeinflussung des Leistungsvermögens durch medikamentöse sowie nicht pferdegerechte Einwirkung des Menschen ist abzulehnen und muss geahndet werden.*

Gerade dieser umfangreiche Punkt acht auf der Liste der Ethischen Grundsätze des Pferdefreundes hat es nochmal in sich, denn hieran soll sich jegliche Nutzung des Pferdes orientieren. Überforderung und Missbrauch des Pferdes für sportliche Zwecke sollen so verhindert werden. Unter dieser Prämisse muss man immer die Eignung des Pferdes für unterschiedliche Zwecke im Blick behalten. Es darf keine Leistung von ihm abverlangt werden, die es nicht erbringen kann. Insofern ist auch Doping des Pferdes, um seine sportliche Leistungsfähigkeit zu erhöhen, abzulehnen. Ein Pferd kann nur das leisten, was ihm sein Körperbau, seine gezielte Ausbildung und seine Fitness ermöglicht. Es soll nicht mit Gewalt über seine körperlichen und psychischen Grenzen der Belastbarkeit gebracht werden. Vor diesem Hintergrund müssen wir auch etwa den Einsatz von Gerten zur Steigerung der Geschwindigkeit im Parcours, das Barren bzw. Touchieren der Vorderbeine zur Erhöhung des Springvermögens oder den Sporenmissbrauch in Dressurprüfungen ablehnen.

Die FN selbst bemerkt in ihren Richtlinien dazu Folgendes: *„Die aus falschem Ehrgeiz und wirtschaftlichen Interessen vorgenommene Manipulation des Pferdes ist mit den Ethischen Grundsätzen niemals in Einklang zu bringen.“*

Vor diesem Hintergrund stellt sich die Frage, warum wir sogar heute noch über ein angeblich „sachgerechtes“ Touchieren diskutieren müssen. Denn mit einem „nicht länger als drei Meter, maximal zwei Kilogramm schweren Gegenstand“ ist dies – von einer Fachperson ausgeführt – angeblich nicht mit Leid des Pferdes verbunden.

Die Verbände müssen sich Kritik gefallen lassen, wenn sowohl in der Öffentlichkeit als auch im Privaten veraltete Trainingspraktiken ungeahndet bleiben. Es hinterlässt einen schalen Beigeschmack, wenn auf der einen Seite von Tierschutz und Pferdewohl gesprochen und als oberste Prämisse definiert wird, auf der anderen Seite aber selten Disziplinarverfahren, Haltungsverbote und Ausschluss von Wettbewerben erfolgen. So betrachtet erscheint Pferdeschutz im Sport und in weiten Teilen der Pferdewelt eher als Lippenbekenntnis denn als tatsächliche Realität.

9. *Die Verantwortung des Menschen für das ihm anvertraute Pferd erstreckt sich auch auf das Lebensende des Pferdes. Dieser Verantwortung muss der Mensch stets im Sinne des Pferdes gerecht werden.* Unnötiges Leiden und Qualen sollen laut den Ethischen Grundsätzen des Pferdefreundes auch in Hinblick auf den Tod des Pferdes vermieden werden. Der Mensch soll sich seiner Verpflichtung die Aussichten diverser Therapiemöglichkeiten mit den Möglichkeiten von Transport und Tötung des Pferdes zu vergleichen, bewusst sein. Wir sind sowohl für das Pferdeleben, seine Unterbringung und Versorgung als auch für sein Lebensende verantwortlich.

LEITLINIEN ZUR BEURTEILUNG VON PFERDEHALTUNGEN UNTER TIERSCHUTZGESICHTSPUNKTEN

Das Bundesministerium für Ernährung, Landwirtschaft und Verbraucherschutz gibt mit seinen regelmäßig überarbeiteten „Leitlinien zur Beurteilung von Pferdehaltungen unter Tierschutzgesichtspunkten", die ebenfalls kostenlos als PDF heruntergeladen werden können (siehe Seite 158), Gesichtspunkte vor, an denen sich eine artgerechte Pferdehaltung orientieren soll. In der Version von 2009 werden den Leitlinien auch noch Auszüge aus dem Tierschutzgesetz vorangestellt. So heißt es in § 2 des Tierschutzgesetzes (TierSchG):
„Wer ein Tier hält, betreut oder zu betreuen hat,

1. *muss das Tier seiner Art und seinen Bedürfnissen entsprechend angemessen ernähren, pflegen und verhaltensgerecht unterbringen,*
2. *darf die Möglichkeit des Tieres zu artgemäßer Bewegung nicht so einschränken, dass ihm Schmerzen oder vermeidbare Leiden oder Schäden zugefügt werden,*
3. *muss über die für eine angemessene Ernährung, Pflege und verhaltensgerechte Unterbringung des Tieres erforderlichen Kenntnisse und Fähigkeiten verfügen.*"

Obwohl diese Leitlinien als Grundlage für eine Beurteilung unterschiedlicher Haltungsformen gesehen werden kann, muss dabei bedacht werden, dass die „Leitlinien keine Rechtsnormen und damit nicht rechtsverbindlich sind". Sie dienen als Orientierungshilfe und sind somit immer auch abhängig von der Auslegung des hinzugezogenen Experten.

In den Leitlinien werden die wichtigsten Aspekte zur Gesunderhaltung des Pferdes dargelegt, seine primären Bedürfnisse vermittelt und sein natürliches Verhalten kurz dargestellt. Auf dieser Wissensgrundlage wird auf die Notwendigkeit der Wissensvermittlung und Aneignung jedes Pferdehalters hingewiesen und auf die vielen dabei essenziellen Themenfelder. Ich möchte mich hier exemplarisch einigen Themen aus den Leitlinien und dem Stand ihrer praktischen Umsetzung widmen.

Haarkleid

In den Leitlinien finden wir beispielsweise den Aspekt des Haarkleides des Pferdes. „*Um die physiologische Funktion des Haarkleides nicht unnötig zu beeinträchtigen, sollen das Eindecken zur Verhinderung des Fellwachstums sowie das Scheren des Fells an den Notwendigkeiten orientiert werden.*" Da drängt sich doch die Frage auf, ob sich dieser Punkt in der Praxis tatsächlich so wiederfindet. Blickt man in einen beliebigen Reitstall, auf irgendeinen Paddock, so findet man im Winter sehr viele eingedeckte oder geschorene Pferde. Sind das alles alte oder kranke Tiere? Warum macht die Deckenindustrie mit tollen Farben, Mustern und funktionalen Modellen so viel Umsatz? Gibt es eine physiologische Notwendigkeit, oder geht es vielmehr um die Nutzbarkeit des Pferdes, um die eigene Bequemlichkeit, kein schmutziges Fell im Fellwechsel bürsten zu müssen, oder um die Frage nach modischen Accessoires?

Mit Blick auf die Leitlinien und aus Respekt gegenüber dem Pferd sollte man gründlich darüber nachdenken, welche Nachteile sich für das Pferd ergeben, wie beispielsweise Verspannungen aufgrund ständiger Reibung, Hitzestaus im Frühjahr durch zu dicke Decken oder mögliche Pilzinfektionen durch mangelnde Hygiene.

Gesundheitscheck

In den Leitlinien wird auch auf die Notwendigkeit zur Kontrolle und Bearbeitung der Hufe in regelmäßigen Intervallen von ca. sechs bis acht Wochen hingewiesen. Auch der Bedarf des regelmäßigen Gesundheitschecks durch den Tierarzt wird dargestellt. Es gilt, Vorsorge zu treffen und nicht erst im Krankheitsfall oder bei deutlichen Einschränkungen zu handeln. Aus Kostengründen werden in der Praxis diese Intervalle oft zu lang, oder es wird auf manche Maßnahmen zur Gesunderhaltung wie Impfungen oder Entwurmung komplett verzichtet.

Sicherlich kann die Notwendigkeit der einen oder anderen tierärztlichen Maßnahme infrage gestellt werden, doch meist kann der Laie gar nicht beurteilen, welche Maßnahmen wann wirklich dringend erforderlich sind und welche nicht. Daher sollte eine gute Kooperation mit den jeweiligen Fachleuten im Sinne des Pferdes selbstverständlich sein. Ein sinnvolles Gesundheitsmanagement beinhaltet Vorsorge, regelmäßige Kontrolle und generelle Aufmerksamkeit für Veränderungen.

Witterungsschutz

Es geht unter vielen anderen Aspekten in den Leitlinien auch um die Beschaffenheit von Weide und Stall, von Paddock und Zaun oder um die Notwendigkeit eines Witterungsschutzes. Da heißt es etwa: *„Der Witterungsschutz erfüllt nur dann seine Funktion, wenn er alle Tiere gleichzeitig vor ungünstigen Witterungseinflüssen schützen kann.“*

In der Praxis sind viele Offenställe oder Weideunterstände viel zu klein, um sämtliche Herdenmitglieder aufzunehmen. So stehen ranghöhere Tiere kühl und sicher vor Insekten im Schatten, während die übrigen Tiere der Mittagssonne schutzlos ausgeliefert sind. Es ist nämlich oft gar nicht einfach, für jede Eventualität die baulichen Maßnahmen zu treffen. Was gut im Sommer als Witterungsschutz dienen kann, muss vielleicht im Winter durch weitere Baumaßnahmen ergänzt werden. Es gilt also auch das Prinzip, sich am schwächsten Glied der eigenen Pferdegruppe zu orientieren. Pferdesenioren oder Vertreter bestimmter Rassen mit dünnem Fellkleid haben andere Bedürfnisse als vitale junge Vertreter der robusteren Ponyrassen.

Bodenbeschaffenheit

Eine Herausforderung dabei ist auch die Bodenbearbeitung, denn laut den Leitlinien soll der Freilauf der Pferde auf Ausläufen geschehen, „die nicht morastig aufgeweicht sind“. Je mehr Pferde pro Fläche gehalten werden, desto schwieriger wird es, diese Forderung nach trockenem Untergrund einzuhalten. Viel zu oft stehen immer noch viele Pferde in matschigen Ausläufen, ohne die Möglichkeit zu haben, trocken zu stehen oder sich gar hinzulegen. Unter diesem Gesichtspunkt ist eine unsachgemäße Offenstallhaltung nicht artgerecht, auch wenn sie andere gute Aspekte der Pferdehaltung erfüllt.

Zwar hat man in Bezug auf die Haltung des Pferdes schon viel an Verbesserungen über die Jahrzehnte hinweg erwirkt, aber flächendeckend sämtliche Haltungsaspekte gleichermaßen zu optimieren, ist selten möglich. So ist die Anbindehaltung in Ständern bereits seit vielen Jahren tierschutzwidrig, Boxenhaltung bleibt jedoch unter bestimmten Voraussetzungen an Mindestgröße, zusätzlichem Auslauf und vielen anderen Punkten erlaubt. Besonders bei restriktiven Haltungsformen muss also darauf geachtet werden, dass Mindestanforderungen erfüllt werden. Je weniger artgerecht eine Haltungsform generell eingestuft wird, desto mehr muss der Pferdehalter leisten, um Missstände zu kompensieren. Als artgerecht sind viele der aktuell erlaubten Haltungsformen nicht zu bezeichnen, wenn man sämtliche Lebensbereiche des Pferdes mit einbezieht.

LEITLINIEN ZUM TIERSCHUTZ IM PFERDESPORT

Das Bundesministerium für Ernährung und Landwirtschaft hat unter dem Titel „Tierschutz im Pferdesport – Leitlinien zu Umgang mit und Nutzung von Pferden unter Tierschutzgesichtspunkten" eine weitere wichtige Orientierungshilfe für den Pferdebereich veröffentlicht. In dieser kostenlos erhältlichen Broschüre (siehe Seite 158) werden die Anforderung, „*welche an den Umgang mit und die Ausbildung sowie das Training von Pferden und an jegliche Nutzung dieser Tiere, insbesondere in sportlichen Wettbewerben (einschließlich Zuchtleistungsprüfungen), in der Freizeit, bei der Reiter- und Fahrerausbildung, bei Schaustellungen aber auch in der Land- und Forstwirtschaft, unter den Aspekten des Tierschutzes zu stellen sind*" aufgeführt und erläutert. Es geht dabei unter der Prämisse des Wohlbefindens des Pferdes um Fragen nach Ausrüstungsgegenständen, Trainingsmethoden und um den Bereich des Dopings im Sport.

Aufgebaut sind die Leitlinien auf der Basis des Tierschutzgesetzes. Verboten ist es nach § 3 des Tierschutzgesetzes:

1. *„einem Tier, außer in Notfällen, Leistungen abzuverlangen, denen es wegen seines Zustandes offensichtlich nicht gewachsen ist oder die offensichtlich seine Kräfte übersteigen (§ 3 Nr. 1),*
2. *einem Tier, an dem Eingriffe und Behandlungen vorgenommen worden sind, die einen leistungsmindernden körperlichen Zustand verdecken, Leistungen abzuverlangen, denen es wegen seines körperlichen Zustandes nicht gewachsen ist (§ 3 Nr. 1a),*
3. *an einem Tier im Training oder bei sportlichen Wettkämpfen oder ähnlichen Veranstaltungen Maßnahmen, die mit erheblichen Schmerzen, Leiden oder Schäden verbunden sind und die die Leistungsfähigkeit von Tieren beeinflussen können, sowie an einem Tier bei sportlichen Wettkämpfen oder ähnlichen Veranstaltungen Dopingmittel anzuwenden (§ 3 Nr. 1b),*
4. *ein Tier auszubilden oder zu trainieren, sofern damit erhebliche Schmerzen, Leiden oder Schäden für das Tier verbunden sind (§ 3 Nr. 5),*
5. *ein Tier zu einer Filmaufnahme, Schaustellung, Werbung oder ähnlichen Veranstaltung heranzuziehen, sofern damit Schmerzen, Leiden oder Schäden für das Tier verbunden sind (§ 3 Nr. 6).“*

Die Leitlinien umfassen auch eine Liste mit Begriffsdefinitionen, in der von B wie Barren als tierschutzwidrige Trainingspraxis, die zu erheblichen Schmerzen führt, bis zu V wie Verstärkung im Sinne der lerntheoretischen Grundlagen von positiver und negativer Verstärkung viele pferdeschutzrelevanten Aspekte als Glossar zusammengefasst sind. Unter dem Aspekt der Ausbildung und Nutzung wird die Notwendigkeit der Vertrauensbasis besonders hervorgehoben und dabei angemerkt: *„Das Lernen über positive Verstärkung wirkt sich zudem positiv auf die Vertrauensbasis zwischen Mensch und Pferd aus.“* Und weiter heißt es im Text: *„Pferde lernen immer leichter durch positive Verstärkung und dürfen nur in Ausnahmefällen über o. g. Strafen korrigiert werden, wenn sich z. B. Gefahrensituationen ergeben durch ein* *unerwünschtes Verhalten von Pferden. Strafen dürfen keine längerdauernden Schmerzen und keinesfalls Schäden verursachen.*"

Auch vor diesem Hintergrund stellt sich die Frage, warum die Pferdeausbildung bis heute wesentlich häufiger dem Pleasure-Release-Prinzip, also dem Prinzip des Druckmachens und Nachgebens folgt, und belohnungsbasierte Trainingsmethoden mittels Lob und positiver Verstärkung nur eher selten zum Einsatz kommen. Auch wird die lerntheoretische Grundausbildung der allermeisten Trainer und Reitlehrer als gering bezeichnet. Das natürliche Lernverhalten des Pferdes ist aus meiner Sicht zu wenig bekannt und die vorliegenden Erkenntnisse werden zu selten in der Praxis umgesetzt.

Auch zur Hilfengebung sagen die Leitlinien einiges, unter anderem findet sich folgender Satz: „*Dabei sind Hilfen zu minimieren, das heißt der Zweck soll mit dem geringstmöglichen Aufwand und geringstmöglicher Intensität an Einwirkungen erreicht werden.*" Auch hier stellt sich die Frage, ob diesem Grundsatz ausreichend Beachtung geschenkt wird, wenn selbst im internationalen Sport, also wenn Profis auf dem Pferd sitzen und keine Freizeitreiter, deutliche Krafteinwirkung, unruhige Schenkel mit Sporen und drastischer Gerteneinsatz an der Tagesordnung sind. Man sollte doch meinen, dass man als Weltmeister in der Lage sein sollte, nuancierte und fast unsichtbare Hilfen zu geben. Anderenfalls sind solche mit grober Hilfengebung errungene Titel und Medaillen aus meiner Sicht ihre Bezeichnung nicht wert.

Die Leitlinien gehen auch auf die Notwendigkeit der gründlichen und pferdegerechten Jungpferdeausbildung ein. Dabei wird unter anderem darauf hingewiesen, dass ein Pferd frühestens im Alter von 30 Monaten für eine reiterliche Ausbildung geeignet und belastbar genug ist. Dieses Alter darf nur in begründeten Ausnahmefällen unterschritten werden. Auch dieses Mindestalter wird oft genug deutlich unterschritten. Wenn ein Hengst bereits mit zwei Jahren gekört werden kann und in Hengstleistungsprüfungen 3- bis 7-jährige Pferde vorgestellt werden können, so wird in diesem Zusammenhang oft sehr früh mit der Ausbildung begonnen. Damit der junge Hengst auch in der Prüfung wie gewünscht funktioniert, wird mit der Ausbildung oft früher begonnen. Auch im Westernpferdesport ist das sehr frühe Anreiten von noch nicht einmal dreijährigen Pferden gängige Praxis.

„Eine Zäumung mit Hebelwirkung, mit oder ohne Gebiss (z. B. Kandare, mechanisches Hackamore), die sehr hohe Krafteinwirkungen ermöglicht, erfordert besonders feine Einwirkungen des Reiters/Fahrers und darf daher nur von Reitern/Fahrern mit fortgeschrittenem Ausbildungsstand verwendet werden.“ Auch dieser selbstverständliche Grundsatz wird in den Leitlinien vorgestellt. Nur zu oft muss man aber feststellen, dass sämtliche Ausrüstungsgegenstände von jedermann erworben und verwendet werden können und dass nach klassischen Gesichtspunkten der Reitlehre oft weder Pferd noch Reiter über die nötige „Kandarenreife“ verfügen. Viel zu oft sieht man auf Veranstaltungen Pferde, die eben nicht über den Rücken geritten in leichter Anlehnung vertrauensvoll an den Zügel herantreten, sondern solche, die sich gegen das Gebiss wehren oder aufgrund der mangelnden reiterlichen Fähigkeiten hinter dem Zügel verkriechen. Ein für mich in diesem Zusammenhang wunderbares Zitat stammt von Reitmeister, Olympiasieger und ehemaliger Bundestrainer der Vielseitigkeitsreiter Martin Plewa, der auf der Equitana 2023 Folgendes gesagt hat: *„Widersetzlichkeit beim Pferd gibt es nicht, es ist eine Abwehrhaltung des Pferdes gegen schlechtes Reiten.“* Es gilt also, Widersetzlichkeit des Pferdes als Ausdruck der Not zu erkennen und die Leitlinien für pferdegerechte Ausbildung auch in der Praxis umzusetzen.

Dabei wird auch auf den Einsatz von Sporen und Gerte hingewiesen. Dieser soll „über eine Hilfengebung nicht hinausgehen“ und schonend und wegweisend und nicht strafend erfolgen. Nimmt man diese Forderung an gutes, pferdegerechtes Reiten ernst, dann haben diese Hilfsmittel nichts in der Hand oder an den Füßen von Reitanfängern oder Kindern zu suchen. Erst mit dem Erreichen eines gewissen Ausbildungsniveaus können Hilfsmittel sachgemäß eingesetzt werden. Und selbst dann stellt sich die Frage, ob derselbe Effekt statt mit einem Druckmittel nicht durch die Anwendung einer belohnungsbasierten Ausbildungsmethode möglich wäre. Immer dann, wenn ein Ziel auf einem stressarmen und nichtinvasiven Weg erreicht werden kann, sollte man diesen aus meiner Sicht auch wählen.

SANFTE PFERDEAUSBILDUNG IM FOKUS: DIE LIMA-REGEL

Die Internationale Vereinigung der Tierverhaltensexperten (International Association of Animal Behavior Consultants IAABC) orientiert sich an belohnungsorientierten Ausbildungsmethoden. Grundlage bilden dabei die LIMA-Regeln.

LIMA steht für „Least Intrusive, Minimally Aversive". In der Praxis bedeutet das, jeden Ausbildungsschritt und jede Methode in Hinblick auf mögliche tierfreundlichere Alternativen zu überdenken und diese dann auch umzusetzen. Verhaltensveränderungen sollen dabei vor allem über die Beschäftigung mit der Umwelt und Persönlichkeit des Tieres, über positive Verstärkung und über den Aufbau von Alternativverhaltensweisen geschehen. Dadurch wird auf den Einsatz von Druck, Strafen oder Gewalt verzichtet. Der LIMA-Ansatz verpflichtet zu einem wissenschaftlich basierten und systematischen Trainingsansatz und die fundierte Kenntnis der lerntheoretischen Hintergründe und des Pferdeverhaltens. In Kurzform kann man also sagen, dass die sanfteste Pferdeausbildung immer diejenige ist, welche am wenigsten Stress und Unbehagen für das Pferd bedeutet.

Die beste Möglichkeit, Trainingsziele stressarm zu erreichen, stellt die Arbeit mit Belohnungen dar, das ist wissenschaftlich erwiesen. Das Training basiert darauf, einem Tier erwünschte Verhaltensweisen schmackhaft zu machen und nicht darauf, unerwünschtes Verhalten zu sanktionieren. Pferde lernen an den Folgen des eigenen Verhaltens. Was sich für sie lohnt und womit sie sich wohlfühlen, werden sie häufiger tun. Daraus ergibt sich für uns die Möglichkeit, ihr Verhalten über den Einsatz von punktgenauen Belohnungen zu steuern.

Wer die Regeln und Mechanismen der klassischen und operanten Konditionierung, basierend auf den Arbeiten von Pavlov oder Skinner kennt und befolgt, der wird sein Pferd trainieren und lenken können, ohne es ständig kontrollieren oder massiv Druck aufbauen zu müssen.

KAPITEL 4

PFERDESCHUTZKRITERIEN UND IHRE DEFINITIONEN

SCHMERZEN

Wie bereits im Tierschutzgesetz festgelegt, hat der Mensch die Verantwortung, dass dem Pferd nicht unnötig Schmerzen zugefügt werden dürfen. Es hat also ein Recht darauf, dass wir passende Ausrüstungsgegenstände nutzen, damit es beispielsweise keine Schmerzen durch einen schlecht angepassten Sattel erleiden muss. Wir sind es auch, die Sorge dafür tragen müssen, dass unsere Reitweise dem Pferd keine Schmerzen bereitet oder keine Ausbildungsmethode angewendet wird, die zu Schmerzen beim Pferd führt. Doch was genau sind eigentlich Schmerzen?

Obwohl wir die Empfindung bei uns selbst kennen, wird Schmerz als Empfindung vielschichtig betrachtet. Denn: Jeder Betroffene empfindet Schmerz individuell unterschiedlich. Die Schmerztoleranz ist von Individuum zu Individuum – ob Mensch oder Pferd – verschieden. Auch sind die Reaktionen auf diverse mögliche Schmerzarten unterschiedlich stark. Allgemein stellt jeder Schmerz laut Wikipedia eine komplexe Sinneswahrnehmung dar, die im Normalfall die Funktion eines Alarmsignals hat. Biologisch betrachtet soll das Schmerzgefühl das Tier vor weiteren, schlimmeren Schäden schützen, indem es das Verhalten anpasst und beispielsweise eine Schonhaltung einnimmt oder sich blitzschnell vom Schmerzauslöser zurückzieht. Schmerz kann allerdings auch chronisch werden, verliert dann seinen Warncharakter und tritt permanent auf. Umso wichtiger ist es bereits akute Schmerzen beim Pferd zu erkennen und nicht auf das chronische Stadium, welches dann zum Teil irreversibel wird, zu warten.

Da Pferden im Gegensatz zu Hunden oder Katzen ein spezifischer Schmerzlaut fehlt, sind Schmerzen beim Pferd schwieriger zu diagnostizieren und werden leichter übersehen (siehe Seite 157, zum Beispiel Zeitler-Feicht 2015, Lebelt et al. 2017, Stucke 2017). Da anhaltende Schmerzen Leid für das Pferd bedeuten, kommt der Dokumentation der diversen Schmerzanzeichen große Bedeutung zu, wie wir später näher erörtern werden.

STRESS ALS URSACHE FÜR UNWOHLSEIN UND LEID

Rolf Gattermann (2006) definiert Stress in seinem Standardwerk der Verhaltensbiologie (Titel: Wörterbuch zur Verhaltensbiologie der Tiere und des Menschen) folgendermaßen: *„Stress ist ein durch exogene und endogene Faktoren ausgelöster Belastungszustand, der sich in einer Vielzahl von miteinander gekoppelten spezifischen und unspezifischen physiologischen Anpassungsreaktionen äußert, die von Verhaltensänderungen begleitet werden.“* Damit wird deutlich, dass Stress ein multifaktorielles Geschehen ist, ein biologischer Prozess, der ähnlich wie Schmerz zur Schadensvermeidung dient. Jede Art von Stress führt zu einer gewissen Belastungssituation für das Pferd.

Angst, Unbehagen, Panik und auch die bereits beschriebenen Schmerzen, Erschöpfung oder übermäßige Aufregung und Trauer bedeuten Stress für das Pferd. Je nach Stärke des Reizes kann die darauffolgende Stressreaktion des Pferdes unterschiedlich stark ausgeprägt sein. Ist ein Stressor vorhersehbar oder erscheint er kontrollierbar, so kann die Situation schnell bewältigt werden.

Die typische Stressreaktion besteht aus einer Alarmphase, in der das Pferd auf eine Beeinträchtigung, eine empfundene Beunruhigung, bestehenden Druck oder eine körperliche Beanspruchung reagiert. Solche Stressoren können also äußere Umweltfaktoren wie Hitze oder Kälte sein, ebenso vermögen psychische Faktoren wie Befürchtungen oder Hunger und Durst beim Pferd zu Stress führen. Genau genommen bedeutet jede Aktivierung des Organismus, ob positiv oder negativ, einen gewissen Grad an Stress. So gesehen ist ein Leben ohne Stress nicht denkbar, denn Stress regt den Organismus an, sich zu bewegen, das eigene Verhalten zu verändern und ist so eine Möglichkeit, auf eine Situation zu reagieren. Jedes Pferd hat dabei unterschiedliche Stressbewältigungsstrategien.

In Extremsituationen ist die klassische Fight-or-Flight-Strategie möglich, das Pferd wird sich also in besonders stressig empfundenen Situationen blitzschnell entscheiden, zu fliehen oder zu kämpfen. Daneben kann es auch zu anderen Bewältigungsstrategien wie Erstarren, Kontaktvermeidung oder zu einem aufgeregten Herumtänzeln kommen. Solche Stressbewältigungen werden wissenschaftlich gesehen auch „Coping-Strategien“ genannt und sind Gegenstand des Pferdeschutzes. Denn nur, wenn ein Pferd den in jedem Pferdeleben immer mal wieder punktuell vorkommenden Stress verarbeiten kann, wird es zu seiner inneren Ruhe und zur Ausgeglichenheit und ins Wohlbefinden zurückfinden.

Pferdegerechte Haltung und Ausbildung bedeutet also auch, dass darauf geachtet wird, ob und wie das Pferd stressauslösende Situationen meistern kann. Dauerstress kann dazu führen, dass die Bewältigungsstrategien des Pferdes nicht greifen und eine chronische Stressreaktion entsteht. Dieser lang anhaltende Stress führt zu diversen bekannten gesundheitlichen Risken für den gesamten Stoffwechsel. Spätfolgen von chronischem Stress können Krankheiten wie Magengeschwüre oder psychische Störungen wie Depressionen, aber auch diffuse Krankheitsbilder wie chronische Verdauungsstörungen mit Kotwasser oder Durchfall, Allergien oder eine allgemeine Infektanfälligkeit sein.

Bekannt ist auch, dass Stress eine der Hauptursachen von Verhaltensstörungen wie Koppen oder Weben, aber auch von Auswirkungen auf die Pferdepsyche wie Angststörungen oder Hyperaktivität ist. Diese Spätfolgen und Schäden sind laut Keeling und Jensen (2017) vorprogrammiert, daher ist ein gezieltes Stressmanagement in sämtlichen Lebensbereichen ein wichtiger Tierschutzgesichtspunkt. Dazu gehören so wichtige Themen wie ausreichend große Flächen für die Pferdehaltung insgesamt, aber eben auch in kritischen Bereichen wie die Anzahl der verfügbaren Schattenplätze.

Aus Tierschutzsicht müssen sämtliche Tiere der Pferdeherde, nicht nur die Durchsetzungsstärksten, die Möglichkeit haben, der sommerlichen Hitze zu entfliehen. Stressmanagement bedeutet also für jeden einzelnen Lebensbereich Lösungen für alle Tiere der Gruppe zu finden und immer genau hinzuschauen, welches Pferd unsere besondere Aufmerksamkeit und Unterstützung benötigt.

PERSÖNLICHKEITSTYPEN UND IHR UMGANG MIT STRESS

Die bereits erwähnten unterschiedlichen denkbaren Bewältigungs- oder Copingstrategien werden von den einzelnen Individuen unterschiedlich häufig gezeigt. Welches Pferd in stressigen Situationen wie reagiert, ist nicht nur eine Frage der Stärke der Stressoren, sondern auch eine Frage der Vorerfahrungen und der Persönlichkeit, des Temperaments und Charakters des Pferdes. Was das eine Pferd höchst bedrohlich empfindet, kann für ein anderes eine interessante Abwechslung zum Alltag sein. Ganz grob kann man eine vereinfachte Einteilung in zwei grundsätzlich unterschiedlich agierende Stressbewältigungstypen vornehmen. Man spricht einmal vom proaktiven Bewältigungstyp oder einfach aktivem Stresstyp und zum anderen vom reaktiven oder passiven Stresstyp (Koolhaas et al. 1999).

Jedes Pferd kann in unterschiedlichen Lebensphasen und Situationen die verschiedenen möglichen Verhaltensoptionen wählen, es geht bei der Beschreibung der zwei verschiedenen Stressbewältigungstypen allerdings um grundsätzliche, unter anderem auch genetisch bedingte Persönlichkeitstypen, die je nach angestrebter Nutzungsart ein gewünschtes und angestrebtes Zuchtziel sein können. Der Stresstyp beschreibt also eine generelle Veranlagung, eine Prädisposition, wie sich ein bestimmtes Pferd in stressgeprägten Momenten wahrscheinlich verhalten und typische Coping-Reaktionsmuster zeigen wird.

Die beiden Stresstypen unterscheiden sich in ihrem Verhalten, da sie zuchtbedingt unterschiedlich stark von den verschiedenen Stresshormonen beeinflusst werden. Keeling und Jensen haben 2017 nachgewiesen, dass es möglich ist, auf diese unterschiedlichen Arten der Stressbewältigung zu selektieren. Je nach Nutzungsart wurde also bereits seit Jahrhunderten mal der eine, mal der andere Typ bevorzugt.

Stresstyp A

Der aktive oder extrovertierte Stresstyp wird in der wissenschaftlichen Literatur als A-Typ geführt und zeichnet sich durch ein vor allem von den Stresshormonen Adrenalin und Noradrenalin beeinflusstes Verhalten aus. Diese beiden Hormone gehören zu den sogenannten Katecholaminen, daher wird dieser Stresstyp auch als katecholamingesteuert bezeichnet. Aktive Stresstypen zeigen unter Stress tendenziell impulsive Verhaltensweisen zur Lösung des inneren Konflikts. Sie reagieren nach außen deutlich sichtbar auf Stressoren, geben eine direkte und unmittelbare Verhaltensantwort und neigen zu stärkeren Fluchtreaktionen oder zu offensiv-aggressivem Verhalten.

Beobachter erkennen den empfundenen Stress bei zum Typ A gehörigen Pferde leicht, beispielsweise am nervösen auf der Stelle Herumtänzeln, im Paddock Auf- und Ablaufen, am heftigen Schlagen mit dem Schweif oder dem Kopf, am Schnappen in den Führstrick oder in die Jacke des Besitzers oder schlicht am häufigen Kotabsatz. Dabei kann man bei ihnen meist unmittelbar und blitzschnell eine erhöhte Atemfrequenz, einen beschleunigten Herzschlag oder ein spontanes Schwitzen feststellen. Der proaktive Stresstyp ist in der heutigen Reitpferdezucht weit verbreitet, da diese Pferde genau das mitbringen, was für den Reitsport benötigt wird. Man sucht zum Reiten sensible, eher reaktive Pferde, welche auf Druck durchaus direkt und prompt mit einem frischen Voran reagieren.

Die meisten modernen Warmblutzuchten, die Zucht von Vollblütern oder Reitponys sind auf ein großes Bewegungspotenzial, eine gute Ausdauer und ein beträchtliches Galoppiervermögen ausgelegt. All diese Merkmale haben ihren Ursprung im Stressbewältigungsverhalten und können von uns Pferdemenschen wahrgenommen, akzeptiert und behutsam gelenkt werden, denn was auf der einen Seite in der Hand des Könners und Kenners die große Faszination eines sensiblen Pferdes ausmacht, kann auf der anderen Seite Ursache für diverse Probleme sein.

Aktive Stresstypen können Einsteiger durch ihre schnellen und gezielten Reaktionen überfordern. Zudem haben Studien (z. B. Seyle

1974) nachgewiesen, dass der extrovertierte Stresstyp signifikant häufiger zu echten Verhaltensstörungen und Stereotypien neigt. Es gibt auch den Hinweis darauf, dass bestimmte Linien der Englischen Vollblutzucht und der Zucht des Deutschen und Französischen Trabers besonders anfällig für abnormale Verhaltensweisen wie Koppen und Weben sind, die der Stressbewältigung dienen.

Stresstyp B

Der reaktive, also passive oder introvertierte Stresstyp, der auch als B-Typ bezeichnet wird, hingegen ist in der heutigen Zeit etwas seltener unter unseren Hauspferden zu finden. Daher wird Stress bei diesen Pferden sehr häufig zunächst komplett übersehen und übergangen, staut sich in der Folge immer mehr auf und eskaliert später explosionsartig, sodass sehr gefährliche Situationen entstehen können. Pferde vom passiven Stresstyp reagieren auf akuten Stress zunächst abwartend und beobachtend. Sie ziehen sich bei anhaltendem Stress eher in sich selbst zurück und schotten sich mental vom Geschehen ab. Sie agieren nicht impulsiv und heftig sichtbar nach außen, sondern sie erstarren in vielen Situationen förmlich und reagieren nach und nach immer weniger auf Außenreize, bewegen sich scheinbar in Zeitlupe und geraten in eine gesundheitsschädliche chronische Stressspirale.

Bei ihnen ist die Stressreaktion vor allem auf die Wirkung des Stresshormons Cortisol zurückzuführen. Kennzeichnend für diesen Stresstyp ist die starke Aktivierung des Glucocorticoid-Systems der Nebennierenrinde. Ein dauerhaft erhöhter Cortisolspiegel kann hierbei langfristig zu Depressionen, Stoffwechselstörungen, Tumorneigung und Immunschwäche führen. Eine Verminderung der kognitiven Leistungsfähigkeit, wie auch eine merkliche Konzentrationsschwäche, können ebenso beobachtet werden wie auch ein pferdeuntypisches Absondern von der eigenen Herde. Chronisch gestresst neigt dieser zu scheinbar plötzlichen Überreaktionen. Gestresste Pferde vom

B-Typ fressen Stress und Unbehagen über lange Zeit in sich hinein. Sie werden als brave, gutmütige Schulpferde geschätzt, als Anfängerpferde eingesetzt oder auf Umzügen und Volksfesten genutzt. Andere Reiter wiederum bezeichnen diese Pferde oft als langweilig, stumpf, dumm, langsam oder faul.

Beides geschieht, da es vielen Menschen nicht bewusst ist, dass viele dieser verlangsamten Verhaltensantworten, ein häufiges Blinzeln oder ein leichtes Abwenden des Blicks oder des Kopfes, ein Stresssignal des Pferdes sind. Stressanzeichen werden so viel zu spät erkannt, was fatale Folgen haben kann. Der passive Stresstyp zeigt seinen empfundenen inneren Konflikt zunächst kaum wahrnehmbar und sehr subtil. So staut sich der Druck innerlich immer weiter auf, bis die maximale Aufnahmekapazität erreicht ist und die Grenze der Stresstoleranz überschritten ist.

Dann jedoch kann es wie aus dem Nichts heraus zu extrem heftigen Panikattacken, unkontrollierbaren Verhaltensweisen wie kopflosem Durchgehen oder Losreißen vom Führstrick oder gezielten offensiv-aggressiven Angriffsreaktionen kommen. Bei überschrittener Toleranzgrenze kommt es scheinbar plötzlich zu Reitunfällen mit heftigem Bocken oder Steigen oder gar zu Versuchen, die Reithallenbande zu überspringen. Gerade weil sie den Reiter so überraschend trifft, der vormals der Meinung war, ein augenscheinlich gutmütiges, unkompliziertes und anspruchsloses Pferd an seiner Seite zu haben, macht es diese Überreaktionen so gefährlich.

Langfristig gesehen neigt der Stresstyp B durch den großen Einfluss des Stresshormons Cortisol auf seinen Körper zu stressbedingten Folgeschäden. Eine labile Gesundheit, Infektanfälligkeit, chronische Verdauungsstörungen oder depressive Verstimmungen oder gar echte Depressionen sind die Folge. Selye beschreibt bereits 1974 die Neigung des passiven Stresstyps zur erlernten Hilflosigkeit. Dieser Pferdetyp hat demnach eine genetisch veranlagte Tendenz, sich in unangenehmen Situationen zunächst eher zu fügen und zurückzuziehen, statt sich zu wehren oder heftig zu entziehen. Das war in der Vergangenheit beispielsweise für Kaltblutpferde, die meisten Gebrauchspferderassen oder Ponys ein durchaus geschätzter Wesenszug, da es die Feldarbeit oder das Training vor der Kutsche erleichtert. Bleibt man bei diesen tatsächlich sehr empfindsamen Pferden in der Wohlfühlzone und erkennt möglichen subtilen Stress rechtzeitig, so sind es sehr sanfte, zuverlässige Tiere.

Aus Tierschutzsicht kann viel Leid verhindert werden, wenn mehr Aufklärung über die unterschiedlichen Stresstypen und deren mehr oder weniger subtile stressbedingte Verhaltensweisen erfolgt. Viele Reiter haben den Blick dafür verloren, Stress am Verhalten, an einer veränderten Körpersprache und an der Mimik zu erkennen.

WOHLBEFINDEN IST MEHR ALS DIE ABWESENHEIT VON LEID

Wollen wir unserem Pferd ein pferdegerechtes Leben ermöglichen, so ist es unerlässlich sich klarzumachen, dass es nicht ausreicht, einem Pferd kein Leid zuzufügen, damit es glücklich ist. Laut Jensen et al. (2017) wird in seinem Grundlagenwerk „The Ethology of Domestic Animals“ erklärt, dass es eben nicht ausreicht darauf zu achten, dass keine Verhaltensstörungen zu finden sind oder dass das Tier keinen offensichtlichen Stress durch Hunger oder Durst erleidet. Vielmehr bedeutet Wohlbefinden sowohl die Abwesenheit von Leid und Krankheit als auch einen Zustand, der geprägt ist von positiven Gefühlen, Sicherheit und der Entfaltung der eigenen Persönlichkeit.

Wohlbefinden bedeutet, dass unser Pferd in möglichst vielen oder gar sämtlichen Lebensbereichen Wahlmöglichkeiten hat. Es muss selbst entscheiden können, ob es den Schatten aufsucht oder sich der Sonne zuwendet, es soll sich von einzelnen Pferden distanzieren und andere gezielt aufsuchen können oder jederzeit seinen Durst mit frischem sauberem Wasser stillen können.

Eine Vielfalt an Wahlmöglichkeiten bedeutet für das Pferd das Erleben der so wichtigen Selbstwirksamkeit. Es erfährt, in der Lage zu sein, seinen eigenen Zustand positiv zu verändern. Es lernt so, dass es sein Leben aktiv steuern kann und nicht immer wieder hilflos unabänderbaren Situationen gegenübersteht. Für ein gesundes Wohlbefinden ist es nötig, dass die Anpassungsfähigkeit des jeweiligen Pferdes an sich verändernde Lebensumstände oder Stress nicht überschritten wird (Zeitler-Feicht 2015).

Wohlbefinden kann als ein Zustand physischer und psychischer Harmonie des Tieres in sich und mit der Umwelt angesehen werden (Boissy et al. 2007). Diesen Zustand für unser Pferd in Obhut des Menschen immer wieder zu erreichen und häufige positive Empfindungen zu ermöglichen, ist eine hochkomplexe Aufgabe mit vielfältigen Anforderungen an Haltung oder Fütterung. Jeder Bereich kann wieder und wieder verbessert werden, wenn man über sogenannte Enrichment-Maßnahmen nachdenkt. Enrichment bedeutet Bereicherung, dieser Begriff stammt aus der Zootierhaltung.

Es sollen im Sinne des Enrichments immer neue Möglichkeiten gefunden werden, die Lebenssituation des eigenen Pferdes zu verbessern und neue Anregungen zu schaffen, die das Leben bereichern. Eine neu angelegte Hecke beispielsweise kann sowohl als Nahrungsquelle neben dem Heu und dem Gras dienen, sofern die geeigneten Sträucher gewählt werden, als auch die Möglichkeit für natürlichen Schatten bieten oder als Kratzstelle für mehr Wohlbefinden im Fellwechsel sorgen. Geht man noch einen Schritt weiter, so bietet die

Anpflanzung vieler verschiedener Pflanzen, Bäume, Sträucher und Büsche eine Vielfalt an Geschmackserlebnissen und bereichert den Speiseplan des Pferdes auf natürliche Weise.

Gezieltes Enrichment soll eine Bereicherung für die gehaltenen Pferde darstellen, ist aber gleichzeitig ein Beitrag zum Natur- und Artenschutz. Gut geplant können mit einer solchen Hecke mit einheimischen, an den jeweiligen Standort angepassten Gewächsen sowohl die Pferde mehr Abwechslung in ihrem Alltag finden als auch viele Vögel oder Insekten Schutz und Nahrungsquellen. So entsteht ein Mehrwert für alle Seiten.

Sieht man also den Prozess für die Entwicklung von mehr Wohlbefinden für das Pferd als Lebensaufgabe, so ist die erste Stufe die Vermeidung von Leid und das Erkennen potenzieller Quellen von Leid wie Schmerzen, Stress und Krankheit, die zweite Stufe die Behandlung dieser Quelle von Leid und die dritte Stufe die Ermöglichung von Freude und angenehmen Empfindungen.

Dieser Prozess endet nie, es gibt immer etwas zu verbessern oder eine bisher unerkannte Problemsituation zu lösen. Dabei hilft der Blick auf das große Ganze und die Lebenssituation ebenso wie ein Blick aufs Detail. Schon eine neue Borstenreihe eines Besens in der richtigen Höhe angebracht, kann eine ungemeine Verbesserung darstellen, schon ein paar Quadratmeter mehr Lebensraum eine ungeahnte Lebensqualität ermöglichen.

Früher wurden leider auch restriktive Haltungssysteme als tiergerecht eingeordnet, weil sie ausreichend seien, Leid zu vermeiden. So war bis vor einigen Jahrzehnten eine Haltung von Pferden mit Anbindung im Ständer oder eine ausschließliche Boxenhaltung akzeptiert und weit verbreitet. Wenn lediglich die Grundbedürfnisse erfüllt werden mussten, das Tier frei von Krankheiten war und leistungsfähig im Sinne seiner Aufgabe, so war dem Anspruch an den Tierhalter zur pferdegerechten Unterbringung Genüge getan.

Heute hat sich dagegen auch der englische Begriff des „animal welfare“ eingebürgert, der umschreibt, dass eine Haltung von Pferden nur dann als artgerecht zu bezeichnen ist, wenn sämtliche biologische Funktionen des Körpers reibungslos funktionieren und leistungsfähig sind, das Pferd also fit und vital ist und zusätzlich positive Empfindungen vorherrschen. Gesundheit und Vitalität lässt sich zum Beispiel auch im gesunden Wachstum des Fohlens ablesen, im Fellwechsel beobachten oder an der Fruchtbarkeit erkennen.

Positive Empfindungen wären auch Zufriedenheit und ein großes Maß an Komfortverhaltensweisen wie ein gesunder Schlaf oder das regelmäßige gegenseitige Fellkraulen. Das Bestmögliche in sämtlichen Funktionskreisen zu erreichen, also angefangen von der Nahrung über den Bewegungsbedarf bis hin zu Ruhebedarf, Ausscheidungsverhalten oder Sozialverhalten, ein solches für das eigene Pferd herauszuholen, das ist mit „animal welfare“ gemeint.

Je näher wir uns dabei an der Natur des Pferdes orientieren, desto positiver wirkt es sich auf das Leben des Pferdes aus. Je weiter wir uns von seinen Bedürfnissen entfernen, desto wahrscheinlicher wird Leid und damit einhergehend wird ein geringerer Grad an Wohlbefinden erreicht. Früher hielt man es für einen Beweis einer artgerechten Tierhaltung oder Nutzung als Sportpferd, wenn das Pferd gesund und leistungsfähig war. Stressmerkmale oder ausschließlich neutrale Empfindungen wurden dabei ignoriert. Heute werden die Stimmen lauter, dass uns das nicht mehr als Hinweis für Wohlbefinden genügt. Im Sinne der Pferde wollen wir mehr Freude sehen, egal ob in Bezug auf die Haltung, die Fütterung oder die Freizeit mit uns.

Nur ein glückliches Pferd führt ein pferdegerechtes Leben. Es reicht also nicht, sich mit den Minimalanforderungen zur Haltung oder zum Training zu befassen. Wahre Tierliebe beginnt dort, wo es um das Wohlergehen und Anstreben der besten Möglichkeiten geht. Dass wir sie eventuell in der Realität nicht in sämtlichen Lebensbereichen gleich gut ermöglichen können, weil uns zum Beispiel das Geld oder das Know-how fehlt, alles gleichzeitig umzusetzen, hindert uns nicht daran, es zu versuchen, damit unser Pferd sein kleines Paradies auf Erden bekommen kann.

KAPITEL 5

GEWALT IM REITSPORT

Hier ein Klapps mit der Gerte, dort ein deftiger Knuff mit den Reiterschenkeln in den Pferdebauch, mal ein unkontrolliertes Anschreien des Pferdes, mal ein Lachen über ein aus Stress bockendes Pferd. Gewalt im Pferdebereich hat viele Gesichter und ist anscheinend so allgegenwärtig, dass sie oft gar nicht als solche wahrgenommen oder kleingeredet und nicht selten gebilligt und vertuscht wird. Gewalt lässt sich hinter verschlossenen Reithallentüren ebenso finden wie ganz öffentlich auf Shows oder Veranstaltungen, privat im Freizeitbereich oder unter Profis im Sport. Rabiate Vorgehensweisen und grobes Training findet man in sämtlichen Disziplinen und auf jedem Ausbildungsstand. Schon Kinder werden in Reitschulen dazu angeleitet, systematisch Gewalt anzuwenden. In meinen Augen ein Unding und ein Missbrauch von Pferden ebenso wie von Kindern.

Dabei müssen wir uns als Gesamtheit der Pferdefreunde dem Thema stellen, denn nur so wird sich etwas im Sinne des Pferdes bewegen und Gewalt im Umgang mit Pferden nicht mehr toleriert und verstärkt auch tatsächlich geahndet.

WIE IST GEWALT DEFINIERT?

Die Weltgesundheitsorganisation WHO definiert Gewalt in dem Bericht „Gewalt und Gesundheit" (2002) auf die Situation des Menschen bezogen wie folgt: *„Gewalt ist der tatsächliche oder angedrohte absichtliche Gebrauch von physischer oder psychologischer Kraft oder Macht, die gegen die eigene oder eine andere Person, gegen eine Gruppe oder Gemeinschaft gerichtet ist und die tatsächlich oder mit hoher Wahrscheinlichkeit zu Verletzungen, Tod, psychischen Schäden, Fehlentwicklung oder Deprivation führt."*

Analog zu dieser Gewaltdefinition finden wir auch im Pferdebereich ständig den Missbrauch von Macht, das Selbstverständnis mancher Menschen, ohne Rücksicht auf Verluste uneingeschränkt über ein anderes Lebewesen bestimmen zu dürfen und den unangemessenen Einsatz von Druckmitteln oder gar von Strafreizen bis hin zu an Foltermethoden erinnernde Misshandlungen von Pferden anzuwenden. Mit Gewaltsituationen sind dabei hier nicht echte Notfallszenarien gemeint, in denen Leben und Tod oder die Gesundheit von Mensch oder Tier auf dem Spiel steht. Besteht eine echte Gefahr, weil das Pferd etwa droht, auf die Autobahn zu rennen und einen Unfall zu verursachen, oder ist es durch eine Verletzung nur schwer händelbar, so kann in Ausnahmefällen Druck und Krafteinwirkung nötig sein, um das Pferd zu kontrollieren oder zu lenken.

Gemeint ist hier die Gewalt im Alltag, wenn es eigentlich nur um die Interessen des Menschen, das Streicheln des eigenen Egos, um den Profitgedanken oder die Ungeduld des Reiters geht. Immer dann, wenn es einen positiven, konfliktarmen Weg zur Klärung einer Situation gibt, so sollte dieser auch angewendet werden. Deeskalation sollte ebenfalls immer einer Zuspitzung der Lage vorgezogen werden.

Gewalt beginnt bereits im Kleinen mit der verbalen und generell der psychischen Gewalt und mündet dann häufig in physischer Gewalt.

PSYCHISCHE GEWALT IN DER REITERWELT

Unsere Wortwahl bestimmt unser Handeln, sie spiegelt unsere Denkweise, unsere Glaubenssätze und reiterlichen Dogmen und Prägungen wider. Worte können grausam, verletzend oder einschüchternd sein. Dabei sind harte Worte oft begleitet von einer starren, negativen Mimik und einer steifen, aggressiven Körperhaltung, daher kann verbale Gewalt als Form der psychischen Gewalt und als Vorstufe physischer Gewalt begriffen werden.

Hört man im Reitunterricht oder auf Veranstaltungen einmal bewusst hin, so wird man häufig eine traurige Vielfalt an abwertenden Bezeichnungen für das Pferd finden. Da werden Pferde als „Bock", „Gaul" oder „Zicke" bezeichnet, als stur, dumm oder faul degradiert. Es gibt viele, sicher jedem Reiter bekannte, komplette Satzkonstruktionen, die mehr als fragwürdig sind und als verbale Gewalt bezeichnet werden können. Beispiele dafür sind: „Dem muss man mal zeigen, wer der Boss ist.", „Hau mal richtig drauf." „Der spinnt immer." „Damit darf es nicht durchkommen." „Das ist nur ein Tier."

Sätze wie diese und Etiketten und Schubladen wie die oben erwähnten Attribute führen dazu, dass Gewalt am Pferd gerechtfertigt wird, da es ja gewissermaßen schuld an einer Situation sei und der Mensch nun gar nicht anders agieren könne, als Gewalt anzuwenden. Tatsächlich drücken solche Formulierungen nur die eigene Unfähigkeit aus, sich einzufühlen und die Ursachen für ein bestimmtes Verhalten des Pferdes zu finden.

Pferde haben immer einen Grund, warum sie sich so oder so verhalten, sie wollen uns nie etwas Böses, sind nicht hinterhältig oder falsch. Sie handeln aus ihren Empfindungen heraus, die wir ihnen mit der Anwendung verbaler Gewalt allerdings absprechen. Fehlinterpretationen werden so außerdem verharmlost, konstruktive Lösungswege verhindert und positive Umgangsformen torpediert.

Pferdeschutz beginnt also auch mit der Erkenntnis und Beachtung der Tatsache, dass Pferde fühlende Wesen sind, die verstanden und liebevoll behandelt und zur Mitarbeit motiviert werden wollen. Es geht darum, die Reiterwelt auch in ihrer Wahrnehmung in Hinblick auf verbale Entgleisungen zu sensibilisieren. Pferde müssen nicht hart angepackt werden oder „eingenordet" werden, sie brauchen unseren wohlwollenden Blick und die Überprüfung unserer eigenen Wortwahl und Ausdrucksweise.

Kommunikation kann auch ein Werkzeug von Unterdrückung sein, indem Gewalt beschönigt oder Methoden als alternativlos für vermeintlich widersetzliche Pferde propagiert werden, denn Sprache reflektiert auch die eigene Geisteshaltung. Wenn man sein Gegenüber verbal herabwürdigt, so entlarvt dies oft genug die eigene Unzufriedenheit. Man projiziert seine eigenen Defizite auf das Pferd, während man mit liebevollen Worten doch auch genau das Gegenteil erreichen könnte.

Wohlmeinende Ansprache und positiv belegte Worte haben eine scheinbar magische Wirkung. Sie transportieren unsere Gefühle nach außen, sie können eine angespannte Situation deeskalieren, verändern sofort unsere Ausstrahlung und können somit auch von den Pferden gelesen und interpretiert werden – im Sinne einer positiven Stimmungsübertragung.

PHYSISCHE GEWALT DURCH HILFSMITTEL UND TRAININGSMETHODEN

Die Bandbreite der körperlichen Gewalt im Pferdetraining ist groß. Sie reicht von ungewollten oder unbedachten moderaten Gewalteinwirkungen über den Missbrauch von Hilfsmitteln und den Einsatz unpassender Ausrüstungsgegenstände bis zum systematischen, in

Form einer Trainingsanleitung dargestellten Gewaltausübung zum Gefügigmachen des Tieres. Wir alle kennen das hilflose Rupfen am Führstrick, welches in seiner Gewaltanwendung bei Gebrauch eines Knotenhalfters oder eines scharfen Gebisses noch verstärkt wird, genauso wie das gutgemeinte „Touchieren" mit der Peitsche, welches doch eher an ein gezieltes Schlagen erinnert oder gar das Treten des Pferdes in den Bauch, das Schlagen mit einem Besenstiel oder einer Mistforke, wenn es den Pferdeanhänger nicht betreten möchte.

Hilfszügel zwingen das Pferd ebenso in eine bestimmte starre Kopfhaltung wie die unnachgiebige Hand des Rollkurreiters. Viele Zäumungsarten mit und ohne Sperrriemen haben – vor allem, wenn sie zu eng verschnallt werden, – eine atemeinschränkende Wirkung. Zu enge oder auf dem Widerrist aufliegende Sättel bereiten dem Pferd Schmerzen. Das Pferd wird häufig durch eine aggressive Körpersprache des Menschen eingeschüchtert und geängstigt oder angetrieben.

Kurz: Die Liste des Einsatzes physischer Gewalt durch Hilfsmittel und Trainingsmethoden ist lang. Auf einige Gewaltszenarien werde ich im Folgenden noch näher eingehen, an dieser Stelle geht es mir zunächst um die Gründe für den Einsatz physischer Gewalt. Pferde sind große und starke Tiere. Viele Reiter meinen sie beherrschen zu müssen und sie zu unabdingbarem Gehorsam zwingen zu können.

Wenn das Pferd nicht wie gewünscht funktioniert, wird nur zu oft nach immer schärferen Gebissen, ausgefalleneren Hilfszügeln gegriffen oder zu mehr Sporeneinsatz geraten. Dabei sind Pferde sehr sanfte, kooperative Tiere. Wenn sie sich nicht so verhalten wie wir es uns vorstellen, dann hat das immer Gründe. Manchmal sind diese Gründe für uns nicht auf den ersten Blick erkennbar, aber es ist ein Fakt, dass jede Verhaltensweise ihre Ursachen hat. Ich habe hier bewusst im Plural geschrieben, denn die eine Ursache für ein bestimmtes Verhalten gibt es so in der Regel nicht. Es spielen immer mehrere Faktoren zusammen, die dazu führen, dass ein Pferd eine bestimmte Reaktion zeigt.

Gründe für sogenanntes „Fehlverhalten" des Pferdes lassen sich oft auf drei Hauptgründe, die mit anderen fast immer involviert sind, reduzieren:

1. Das Pferd kann sich nicht so verhalten, wie wir es uns vorstellen, weil es überfordert ist und uns nicht versteht. Hier fehlt die systematische Ausbildung, manchmal das Können des Reiters oder schlichtweg die Zeit, ein sinnvolles Training über Jahre hinweg aufzubauen.
2. Das Pferd kann unserem Wunsch nicht entsprechen, weil es körperlich oder psychisch nicht dazu in der Lage ist. Schmerzen, Stress und Ängste führen beispielsweise dazu, dass Pferde überreagieren, für uns problematische Verhaltensweisen wie Durchgehen oder Steigen zeigen oder sich uns entziehen.
3. Das Pferd arbeitet nicht gut mit uns zusammen, weil es nicht ausreichend motiviert ist. Oft fehlt dem Menschen die Vorstellung dafür, dass es sich aus Sicht des Pferdes lohnen muss, mit dem Menschen zusammenzuarbeiten. Entweder, weil es dafür direkt oder indirekt belohnt wird oder weil es dem Druck weicht. Eine kontinuierliche Verstärkung muss also in irgendeiner Weise gegeben sein, die das Verhalten aufrechterhält.

Um nicht in eine physische Gewaltspirale zu geraten und immer mehr Druck anzuwenden ist es wichtig, sich Wege für einen gewaltfreien Umgang mit Pferden zu suchen. Dabei gilt der Grundsatz: „Das Pferd hat immer recht", denn nur das Pferd weiß, warum es sich so verhält, wie es eben gerade handelt. Wir sind diejenigen, die ihm keine Böswilligkeit oder Widersetzlichkeit unterstellen dürfen, sondern uns auf Ursachenforschung begeben müssen. Das ist manchmal unbequem, da die Ursachen oft komplex und miteinander verwoben sind und wir eventuell einige unterschiedliche Fachleute hinzuziehen müssen oder einige Schritte in unserem Vorhaben zurücktreten müssen.

Es bringt nichts, am Symptom herumzudoktern, sondern es gilt, eine gesunde Basis zu schaffen. Eine solide Grundlage aufzubauen, erfordert Zeit, denn viele Wiederholungen und kleinschrittiges Arbeiten sind nötig, damit das Pferd uns versteht und dem Trainingsprozess entspannt folgen kann. Es braucht unsere Geduld und die Fähigkeit, sich selbst zu reflektieren und den Fehler immer bei sich zu suchen. Dem bekannten Egon von Neindorff wird der Satz zugeschrieben: *„Wenn dein Pferd einen Fehler macht, so suche die Ursache bei dir. Und solltest du sie nicht finden, dann suche gründlicher"*, welcher perfekt die Haltung darstellt, die hinter einem ehrlichen Reiter stehen sollte.

Zu einer solchen gründlichen Pferdeausbildung gehört es auch, sich fortzubilden, passendes Equipment zu benutzen und eine Logik im Aufbau der Lektionen einzuhalten. Dabei geht es darum, dem Pferd stets einen Erfolg zu ermöglichen und es nicht vor unlösbare oder zu schwierige Aufgaben zu stellen. Belohnungsbasiert und mit feiner Hilfengebung und liebevoller Ansprache gelingt die Ausbildung immer besser als unter Druck durch Einsatz von Zwangsmitteln.

VERHARMLOSUNG VON GEWALT

Leider wird der Einsatz von Gewalt – ob psychisch oder physisch – in Reiterkreisen oft legitimiert. Es wird davon gesprochen, dass ein Trainingserfolg auf diese Weise angeblich schneller erreicht werden könnte, Pferde untereinander ja auch nicht zimperlich seien oder sie das leichte Touchieren mit der Gerte eh nicht spüren würden. Dabei tritt nach und nach eine Verrohung ein, denn Gewalt tut auch uns Menschen nicht gut.

Insgeheim schämen sich viele für ihre Hilflosigkeit gegenüber dem Thema Gewalt am Pferd. Sie schaffen es nicht, sich im Reiterumfeld anders zu positionieren oder kennen keinen gewaltfreien Weg der

Ausbildung. So entsteht ein Teufelskreis, aus dem es schwierig ist zu entkommen. Subtile Gewalt ist so alltäglich im Pferdebereich, dass sie unter dem Wahrnehmungsradar vieler bleibt.

Leistungs- oder Gruppendruck und Reitertraditionen tun ihr Übriges, dass man Gewalt auch in ihrer auffälligeren, deutlicheren Variante nicht oder zu wenig ahndet. Gewalt geschieht nicht nur dort, wo skrupellose Menschen ihre Profitgier oder ihre Aggressionen an einem Schwächeren, in diesem Falle dem Pferd, auslassen, sondern überall. Dabei gibt es viele mögliche Motive für diese weitverbreitete Form der tolerierten Gewalt in der Pferdewelt.

Neben Gedankenlosigkeit oder Unwissenheit kommt es doch oft vor, dass Reiterinnen und Reiter den Zugang zu ihrer eigenen Gefühlswelt, zu ihrer angeborenen Empathie gegenüber unseren Mitgeschöpfen verloren haben. Sie lassen das Mitansehen von Gewalt gar nicht emotional an sich heran, sondern distanzieren sich innerlich vom Erlebten oder gar Verübten. Oft sind sozialer Druck, Versagensängste, der Wunsch nach Anerkennung und Erfolg in diese Gründe für die Gewaltausübung und -toleranz involviert. Häufig spielt auch der Geld- und Zeitfaktor eine große Rolle.

Gute Reitstunden sind teuer und die Pferdeausbildung dauert jahrelang. Viele Menschen unterschätzen diese Faktoren komplett und sehen sich gezwungen, einem Beritt im Schnellverfahren auf Kosten des Tieres zuzustimmen. Der vermeintlich schnelle Weg, ein Problem sofort zu lösen, ist ein großer Anreiz, da wird dann das Ergebnis angestrebt und weniger der Weg als Ziel. Oft genug gibt es auch nur wenige gute Vorbilder, von denen man lernen kann, wie ein pferdegerechter Umgang eigentlich in Reinform aussehen soll.

Nur zu oft sollen Pferde auch schlicht und einfach funktionieren und es wird übersehen, dass es sich um ein lebendiges Wesen mit mannigfaltigen Gefühlen handelt, welches sich in unserer menschengemachten Welt zurechtfinden muss. Es ist für ein Pferd eben nicht selbstverständlich, die Hufe zu geben, sich führen zu lassen, an einer Straße entlang spazieren zu gehen oder auf einen Pferdeanhänger zu gehen. All das sind Anforderungen, die erst Schritt für Schritt geduldig erarbeitet werden müssen.

Auch die viel zitierte Dominanztheorie oder die Aussage, dass Pferde untereinander Konflikte primär über Aggressionen klären würden, sind inzwischen wissenschaftlich widerlegt. Pferde leben nicht in streng hierarchisch organisierten Verbänden, sondern vielmehr in Familienverbänden mit einem freundschafts- und beziehungsorientierten Beziehungsnetz. Es gibt nicht das eine immer dominante Pferd in einer Pferdeherde, sondern eine gewisse Aufgabenverteilung. Aggressionen untereinander sind meist auf unsere Haltungsbedingungen zurückzuführen.

Pferde sind grundsätzlich friedliebende Wesen. Sie streiten untereinander, wenn sie blind zusammengewürfelt und wieder auseinandergerissen werden, wenn Stress durch Platzmangel oder Futterrestriktion entsteht oder sie nicht gut sozialisiert sind und somit kein natürliches Herdenleben in ihrer Jungpferdezeit kennengelernt haben.

Auch der Hengst ist laut neuen Forschungsergebnissen nicht als generell dominantes Tier zu bezeichnen. Er treibt seine Herde zwar beispielsweise näher zusammen, hat dabei aber lediglich eine überwachende und keine gruppenleitende Funktion (siehe Seite 156, Krüger et al. 2014, Briard et al. 2017).

Ein weiteres Problem in der Pferdeszene ist die institutionalisierte Gewalt in Leistungsprüfungen, auf Turnieren oder beim Beritt, die aufgrund tradierter und nicht aktualisierter Regelwerke entsteht. Nur zu oft sind verharmlosende Darstellungen zu finden, die klassischen Ausbildungsziele wie Taktreinheit oder echte Versammlung werden nicht mehr korrekt in Bild und Wort dargestellt und entsprechend auf Veranstaltungen auch Pferde hoch bewertet, die nicht den klassischen Kriterien solider ausgebildeter Pferde entsprechen. Das wiederum legitimiert den pferdeverschleißenden Ausbildungsweg und öffnet so Tür und Tor für Gewalt am Pferd, druckbasierte Trainingsmethoden und Achtlosigkeit gegenüber dem Kulturgut der klassischen Reiterei.

WELCHE UMGANGSFORMEN SIND ETHISCH VERTRETBAR?

Vermutlich möchte jeder Pferdefreund im Sinne seines Pferdes handeln und das Beste für sein Tier. Bewusst schaden möchte niemand, wenn er das Pferd zur Ausbildung in die Hände eines Bereiters gibt oder einen Trainingsweg nach dem Vorbild der Natur sucht. Doch wie überall, wo ein guter Wille vorhanden ist, wird sich ein Markt auftun mit Anbietern, die Attribute wie „pferdefreundlich", „naturnah" oder auch „sanft" nutzen, um bestimmte Ausbildungsmethoden zu bewerben.

Es klingt einfach gut, positive Umschreibungen für die eigene Trainingsform zu finden. Ob es sich nun in der Realität tatsächlich um bewusste, durchdachte Ausbildungsformen handelt oder aber lediglich um leere Worthülsen, das kann letztlich nur durch eine genaue Beobachtung der praktischen Vorgehensweise eines Trainers und durch die kritische Hinterfragung der Ausbildungskonzepte geschehen. Nur durch dieses Hinterfragen kann jeder Reiter und Pferdebesitzer ethisch vertretbare Ausbildungsmethoden und Erziehungsarten klar identifizieren und den Wahrheitsgehalt in den Werbetexten der Pferdeprofis für sich selbst bestimmen.

Dazu kann es hilfreich sein, bestimmte Fragen an den Trainer, seine Trainingsform und Vorgehensweisen zu stellen, um sich einen Überblick zu verschaffen, inwiefern die Antworten auf die Fragen mit den eigenen ethischen Vorstellungen übereinstimmen. So gerüstet kann viel Leid vermieden werden. Es besteht die große Chance, ein Pferd ohne psychische oder körperliche Gewalt auszubilden, damit es ohne Traumata oder tiefe Narben in der Pferdeseele ins weitere Leben starten kann. Fragen, mit denen man bei der Entscheidung für oder gegen eine spezielle Ausbildungsform oder einen bestimmten Trainer nachgehen kann, sind die folgenden.

Frage 1: Welcher Lernkanal soll genutzt werden?

Das Pferd lernt grundsätzlich auf verschiedene Arten, gewissermaßen über unterschiedliche Kanäle. Es lernt etwa Situationen zu vermeiden, die ihm unangenehm sind. Ebenso wird es Handlungen häufiger und freudig zeigen, die positiv belegt wurden und damit angenehm erscheinen. Darüber hinaus lernt es, sich an einem vertrauten menschlichen Vorbild zu orientieren oder einem anderen Pferd zu folgen, um beispielsweise neue oder ungewohnte Umgebungsreize gewöhnt zu werden.

Gute Trainer kennen die unterschiedlichen Lernmöglichkeiten des Pferdes und nutzen die sanfteste Methode. Natürlich wird man, wenn das Leben von Mensch oder Tier in Gefahr ist, anders handeln als in Situationen, in denen es lediglich um das Stillstehen in der Waschbox geht. Es gilt also der Grundsatz, dass die sanfteste, konfliktärmste Variante gewählt werden sollte, um sein Ziel zu erreichen. Gemeinsames Ziel – auch der unterschiedlichsten Ausbildungsmethoden – ist es, dem Pferd etwas beizubringen. Es soll bestimmte Signale und Hilfen kennenlernen und Verhaltensweisen gezielt und motiviert ausführen.

Um dieses Ziel zu erreichen, geht es um Vokabeltraining. Das Pferd beherrscht die meisten gewünschten Verhaltensweisen bereits von Natur aus. Es kann bereits traben, anhalten oder rückwärts gehen. Es lernt im Training mit dem Menschen „nur“ zu verstehen, welche Verhaltensweise wann und in welcher Form genau gewünscht wird.

Es lernt, die Signale des Menschen zu lesen, um sein eigenes Verhalten daran zu orientieren.

Das Lernverhalten des Pferdes unterliegt dabei den biologischen Naturgesetzen des Denkens. Pferde lernen permanent und ständig aus den Folgen des eigenen Verhaltens. Sie lernen, „wenn, dann"-Beziehungen herzustellen. Die Pferdelogik gibt vor, dass sie sich sehr gut merken können, dass bestimmte Umgebungsreize, die Körpersprache des Menschen oder ein Zügelzug ein Zeichen für eine bestimmte Konsequenz sind entweder Anzeichen für etwas Positives oder Negatives.

Besonders hervorzuheben im Lernverhalten des Pferdes sind die Konditionierungsprozesse. Das Pferdegehirn lernt aus jeder Situation und merkt sich besonders gut das, was gleichzeitig oder nahezu gleichzeitig stattgefunden hat. Diese unterschiedlichen Möglichkeiten entscheiden darüber, wie das Pferd die Zusammenarbeit mit dem Menschen empfindet, ob es sich gern in seiner Gegenwart aufhält und sich aktiv am Geschehen beteiligt oder eher abwartend agiert und hauptsächlich dem Druck weicht. Der Trainer bestimmt mit seiner Vorgehensweise, welcher Lernweg hauptsächlich bedient wird. Mit jeder seiner Handlungen verbindet das Pferd entweder etwas Angenehmes oder etwas Unangenehmes und orientiert daran die eigene Handlung.

Wenn auf ein Verhalten des Pferdes etwas Angenehmes folgt, so wird es eben jenes Verhalten wiederholen und in der Zukunft immer häufiger zeigen. Positive Gefühle begleiten diese Lernform, Pferde blühen bei der Ausbildung mit Lob, Streicheleinheiten oder Futter buchstäblich auf. Die so gelernten Signale haben eine Art Sogwirkung. Das Pferd sucht nach Gelegenheiten, das Gelernte aktiv zu präsentieren und sich so eine Belohnung zu verdienen. Daher lernt es auch durch Rückschlüsse daraus, was die Ankündigung für eine Belohnung darstellt, egal welcher Form, und was im Umkehrschluss ein Anzeiger dafür ist, dass es keine Belohnung erhält.

Geschickte Trainer, die die Trainingsform der positiven Verstärkung umsetzen, arbeiten gezielt mit unterschiedlichen sogenannten Markersignalen, die dem Pferd unmissverständlich klarmachen, wann eine Belohnung zu erwarten ist und wann keine. Pferde lernen so, dass sie sich etwas verdienen können, wenn sie aktiv mitarbeiten und sie lernen auch abzuwarten, da sie nichts bekommen, wenn sie beispielsweise gierig nach dem Belohnungsfutter schnappen.

Pferdetraining ist gewissermaßen eine Form der Wahrscheinlichkeitsrechnung. Der Trainer erhöht mit der geschickten Gabe von Aufmerksamkeiten und Lob die Wahrscheinlichkeit, dass sich das Pferd wie gewünscht verhält. Erlebt das Pferd in einer Trainingssituation dagegen Unbehagen, Stress oder gar Angst und Schmerzen, so wird es versuchen, solche Situationen in Zukunft zu meiden und in diesen Momenten gezeigtes Verhalten seltener wiederholen.

Vereinfacht gesagt arbeiten Pferdetrainer wie alle Tiertrainer prinzipiell über zwei große unterschiedliche Lernkanäle: entweder über gezieltes Lob in unterschiedlicher Form und das gezielte Vorenthalten von eben diesen attraktiven Belohnungen oder aber über das Prinzip des Druckaufbaus, um ein bestimmtes Verhalten zu erzeugen und das gezielte Nachlassen des Drucks, sobald das Verhalten vom Pferd gezeigt wird. Beide Hauptlernwege funktionieren grundsätzlich einwandfrei, haben Vor- und Nachteile und können bei fehlerhafter Anwendung Stress erzeugen. Es ist Aufgabe des Trainers, diesen Stress zu erkennen und zu minimieren.

Sie unterscheiden sich aber durch die sehr unterschiedliche Auswirkung auf das Wohlbefinden des Lernenden, seine Lerngeschwindigkeit und die möglichen psychischen Nebenwirkungen. Beide Lernwege funktionieren über die universellen Grundregeln des Lernverhaltens. Verhalten muss also permanent geformt und die Entscheidungen für oder gegen eine Handlung in Sekundenbruchteilen getroffen werden.

Die Arbeit mit Druck bedeutet dabei immer, im Zweifelsfall auch den Druck zu erhöhen, nämlich immer dann, wenn das Pferd dem Wunsch des Trainers nicht direkt Folge leistet und erst dann den Druck nachzulassen, wenn es wie gewünscht reagiert. So betrachtet kann die Arbeit mit Druckstufen viel Stress erzeugen und im Extremfall leicht in Schmerzreize kippen. Bei vielen Trainern bedeutet ein Nichtbefolgen eines Zeichens die Steigerung dessen. Es folgt also auf ein Wedeln mit der Hand bei Bedarf direkt das Gleiche mit dem Seil, wenn das Pferd immer noch nicht reagiert, ein Schlag mit Seil oder Gerte. Professionelle positiv arbeitende Pferdetrainer versuchen dagegen, das erwünschte Verhalten kleinschrittig zu erarbeiten, indem die geringsten Fortschritte in Richtung des Trainingsziels bereits gelobt werden, das Pferd so Schritt für Schritt mit Belohnungen begleitet und so ein möglichst fehlerfreies Lernen angestrebt wird. So werden weder Strafen noch Druck nötig. Dabei müssen allerdings auch mit positiver Verstärkung arbeitende Trainer darauf achten, das Pferd durch eine zu hohe Erwartungshaltung oder Aufregung im Training ungewollt in Stress zu versetzen.

Zusammenfassend kann die Frage nach der möglichst vorherrschenden Lernart vielleicht so beantwortet werden: so viele Belohnungen wie möglich, damit eine positive Grundstimmung entsteht und das Pferd Freude am Tun entwickelt. So wenig Druck wie nur irgendmöglich und dabei darauf achten, dass die Trainingsform nicht die Möglichkeit einer Gewaltspirale beinhaltet.

Frage 2: Welche allgemeine Erwartungshaltung entsteht beim Pferd?

Ethisch vertretbare Trainingsformen haben aus meiner Sicht eines gemein: Sie verändern die Erwartungshaltung des Pferdes zum Positiven. Es wird, je mehr es vom und mit dem Menschen lernt, immer freudiger und offener auf neue Situationen reagieren. Grund dafür ist die vorherrschende positive Grundstimmung und die lückenlose, lobbasierte Trainingsgeschichte. Der Trainer entscheidet mit der Wahl seiner Trainingsmethoden maßgeblich über die Trainingshistorie des Pferdes.

Mit jeder kleinen Trainingseinheit, mit jeder Handlung, speichert das Pferd bewusst und unbewusst sämtliche beteiligte Konsequenzen ab. Und aus diesen vorwiegend positiven oder negativen Erfahrungen entwickelt das Pferd nach und nach ein inneres Bild vom Beisammensein mit dem Menschen. Es schließt sich ihm an und zeigt eine freudige Erwartungshaltung – oder aber mehr oder weniger deutliches Meideverhalten.

Oft genug bedeutet Pferdeausbildung heutzutage die Arbeit mit Druck, und damit wird viel Stress für das Pferd erzeugt. Aus Sicht des Pferdes ist vieles, was wir Menschen machen oder von ihm erwarten, zunächst nicht klar ersichtlich. Es weiß nicht, was es in einer bestimmten Situation tun soll, sondern es lernt, die entsprechenden Verhaltensweisen erst nach und nach. Empfindet das Pferd die Trainingssituation primär negativ, so wird es immer wieder aus Angst oder Überforderung in Stress geraten.

Das Lernvermögen des Pferdes ist unter Stress stark reduziert. Es lernt wesentlich langsamer als in entspannter Atmosphäre und vor allem, Trainingssituationen zu fürchten, sich ihnen je nach Temperament zu widersetzen oder abzuschalten. Druck beim Lernen fördert Unruhe und Unsicherheit beim Pferd. Es braucht Zeit, um zu verstehen und sich in seinem Lernumfeld zurechtzufinden.

Viele Trainer arbeiten, wie bereits erwähnt, nach dem Prinzip der steigernden und bei Bedarf nachlassenden Druckstufen. Aus Sicht des Pferdes lernt es dabei primär, dem Druck des Menschen zu weichen. Egal ob es sich dabei um eine deutliche körpersprachliche Aufforderung, das Wedeln mit der Longierpeitsche oder das Schwingen des Seils in Richtung des Pferdekörpers handelt. Aus dieser

Vorgehensweise heraus entsteht nach und nach ein allgemeines Verhaltensmuster des Pferdes: Es entsteht eine gewisse Erwartungshaltung, Zeichen zu erkennen, die dem Druck vorausgehen. In diesem Sinne trainierte Pferde weichen beispielsweise exakt und sofort dem bloßen Bewegen einer Fingerspitze des Trainers. Sie funktionieren exakt, schnell und präzise.

Allerdings funktionieren sie eben nur, solange der Trainer eine Art „Drohkulisse“ aufbaut und bereit ist, Drohungen auch umzusetzen und das Pferd zu treiben oder gar zu schlagen. Immer, wenn Pferde quasi wie „auf Knopfdruck funktionieren“, aber gleichzeitig von Gesichtsausdruck und Körpersprache entweder wie abgeschaltet, matt und antriebslos erscheinen oder aber nervös und ängstlich oder mit einer unterschwelligen Aggression, so kann es ein Hinweis darauf sein, dass in der Trainingshistorie des Pferdes viel mit Druck gearbeitet wurde und so eine negative Erwartungshaltung dem Menschen gegenüber entstanden ist.

Mit Belohnungen gearbeitete Pferde sehen Signale des Menschen als Einladung, aktiv zu werden. Sie führen einmal gelernte Lektionen mit Begeisterung aus und spiegeln das auch in einer positiven Körpersprache und freudigem Verhalten.

Daher geht es bei der ethischen Betrachtung der unterschiedlichen Trainingsmethoden auch darum, das Pferd in seiner grundsätzlichen Erwartungshaltung gegenüber dem Menschen zu beobachten. Welche Erfahrungen hat es in der Vergangenheit mit dem Menschen gemacht?

Frage 3: Zeigt das Pferd Meideverhalten oder erlernte Hilflosigkeit?

Das Pferd lügt nie, sein Ausdrucksverhalten ist unverstellt. Es kann gar nicht anders, als das, was ihm widerfährt, nach außen hin zu zeigen. Fragen wir also das Pferd, wenn wir wissen wollen, wie es eine Trainingsmethode oder Behandlung des Menschen empfindet.

Ein Blick auf die Details der Mimik hilft dabei zu erkennen, wie es dem Pferd im Training geht.

Pferde drücken ihre aktuellen Empfindungen, ihre Gefühle und Handlungsabsichten sehr direkt und intensiv über ihr Ausdrucksverhalten, ihre Körpersprache und Mimik aus. Schon minimale Veränderungen in der Haltung, Muskelspannung oder eine Bewegung bestimmter Muskelgruppen zeigt dabei an, ob ein Pferd sich wohlfühlt und Freude am Tun hat oder ob es eher gestresst oder frustriert ist.

So zeigt sich etwa das Spielgesicht über eine entspannte Gesichtsmuskulatur, eine verlängerte oder eine vorgeschobene, verlängert erscheinende Oberlippe und glänzende, wache Augen. Bei Schmerzen und Stress hingegen sind ein in sich gekehrter Blick, harte Falten an der Maul- und Nüsternpartie, ein fehlendes Ohrenspiel mit wie festgetackerten Ohren und starren Bewegungen typisch.

Gerade auf Veranstaltungen jeglicher Art ist es wichtig, die Stressanzeichen beim Pferd zu erkennen. Einmal das sogenannte „Meideverhalten", wenn ein Pferd der Nähe des Trainers ausweicht, roboterartig auf Handzeichen oder Gertenzeichen reagiert oder sich nicht auf Ansprache zuwendet. Gerade auch, wenn ein Pferd sich auffällig teilnahmslos und quasi unsichtbar oder zumindest unauffällig verhält, ist Vorsicht geboten, da die Trainingsmethoden möglicherweise nicht ethisch zu vertreten sind.

Wenn ein Pferd immer wieder die Erfahrung macht, dass es, egal was es auch versucht, nicht zu einem positiven Ergebnis kommt, kann es in eine sogenannte erlernte Hilflosigkeit führen. So trainierte Pferde fügen sich ihrem Schicksal. Sie wehren sich nicht mehr gegenüber grober Behandlung, sondern funktionieren einfach, ohne die aktuelle Realität wirklich zu erleben. Erlernt hilflose Pferde sind neben ihrer Teilnahmslosigkeit oft auch am starren, nach innen gekehrten Blick und am Vermeiden von Körperkontakt zu erkennen. Sie wirken auffällig schlaff und agieren wie leere Hüllen. Als Befehlsempfänger degradiert führen sie ohne Ausdruck und freudigen Stolz an sie gestellte Kommandos aus.

Es gilt auch hier die Frage nach dem Warum? Warum soll das Pferd auf Knopfdruck funktionieren? Geht dieses Funktionieren auf Kosten der Lebensfreude? Dann ist es Zeit, sich die Frage zu stellen, ob ethisch betrachtet nicht nur Ausbildungsmethoden infrage kommen, die die individuelle Entwicklung des Pferdes fördern und seine Persönlichkeit stärken statt sie zu unterdrücken.

Frage 4: Stimmt das gezeigte Training mit der Wortwahl überein?

Eine einfache Methode, um die Frage nach einem ethisch vertretbaren Vorgehen in der Pferdeausbildung zu beantworten, ist die nach den beteiligten Umschreibungen und Darstellungen. Oft sollen positiv belegte Begriffe verschleiern, dass die angewandte Methode nicht wirklich so positiv vom Pferd empfunden wird, wie sie dargestellt wird. Wenn man also einen Pferdetrainer, Reitlehrer oder sonstigen Pferdeprofi bei der Arbeit beobachtet, kann man sich die Frage stellen, was man wohl wahrnehmen würde, wenn man nicht auf das gesprochene Wort achtet. Welche emotionale Reaktion lösen die beobachteten Handlungen aus?

Kann man es ehrlich zu sich selbst als „touchieren“ im Wortsinn einer sanften Berührung bezeichnen oder würde man doch aus dem Bauch heraus eher von einem „Schlagen“ sprechen? Liegt das Führseil locker in der geöffneten Hand und schwingt sanft oder wird es bei Bedarf doch eher propellerartig geschwungen oder gezielt auf einzelne Körperteile oder gar Richtung Pferdekopf geworfen? Sehe ich ein freiwillig und freudig mitarbeitendes Pferd mit lockerer Gesichtsmuskulatur und leichtfüßigen Bewegungen oder eines, welches emotional unter Druck gesetzt wirkt? Wird das Pferd gescheucht, eingeschränkt oder auf engstem Raum am kurzen Seil oder in einem kleinen Roundpen bedrängt? Welche Hilfsmittel werden eingesetzt und wie werden sie verwendet? Wenn ich die Vorgehensweise des Trainers auf mich selbst beziehen, würde ich sie dann als motivierend und gefühlvoll bezeichnen? Kann ich mir gar vorstellen, gerne selbst die Rolle des Pferdes einzunehmen?

Bin ich nicht in der Lage, die passenden in mir aufkommenden Gefühle zu benennen, so kann es hilfreich sein, den unverstellten Blick eines Kindes oder eines Erwachsenen, der nichts mit der Pferdeszene zu tun hat, sondern einfach ein Tierliebhaber ist, zu nutzen. So mancher bekannte „Pferdeflüsterer" erhält bei Vorführungen tosenden Applaus der Reiterszene, obgleich unbedarfte unbeteiligte Zuschauer sehen, dass hier ein Pferd vorsätzlich geängstigt und gestresst oder gar geschlagen wird.

Die wichtigste Frage zu ethisch verantwortbaren Methoden im Pferdetraining lautet daher: Darf der Mensch, ohne sich in einer Notsituation zu befinden, Pferden seinen Willen aufzwingen und es zu Leistungen nötigen, um einmal gesteckte Trainingsziele zu erreichen? Auf wessen Kosten geht unser Hobby Reiten? Es liegt in unserer Verantwortung, unsere Ziele gemeinsam mit dem Pferd zu erreichen oder aber in manchen Fällen auch Abstand von unseren eigenen Erwartungen zu nehmen. Dabei ist es wichtig, sich nicht durch geschicktes Marketing der einzelnen Methodenbefürworter von den eigentlichen Umgangsformen ablenken zu lassen.

Frage 5: Wie wird mit „Fehlern" im Training mit dem Pferd umgegangen?

In Konfliktsituationen zeigt sich oft am deutlichsten, wie die Grundtendenz der gewählten Trainingsmethode ist. Wenn das Pferd einen „Fehler" macht, haben wir die Gelegenheit zu beobachten, wie der Trainer auf ein solches Ereignis reagiert. Was macht der Trainer, wenn das Pferd sich einmal nicht so verhält, wie er es sich vorgestellt hat? Wenn es beispielsweise nicht schnell genug auf ein Kommando reagiert? Oder wenn es die Beine nicht schnell genug hebt? Verändert der Trainer seine Aufgabenstellung und baut die Lektion noch einmal auf andere Art auf? Oder erhöht er permanent den Druck, bis das Pferd irgendwann dann doch reagiert?

Wenn eine Trainingsmethode auf die Erhöhung und das Nachlassen von Druck basiert, muss sich immer die unbequeme Frage gestellt werden, was passieren wird, wenn ein als moderat empfundener Druck nicht ausreicht, um eine Reaktion des Pferdes zu erzeugen? Wie weit würde ein solcher Trainer gehen, um seinen Willen durchzusetzen? Die einen nutzen eventuell ein Seil, um das Pferd mit gezieltem Wedeln und später deutlichen Schlägen zum Weichen zu bewegen.

Andere nutzen den Schmerzreiz, der mit dem gezielten Schlag der Peitsche ausgelöst werden kann, um das Pferd vorantreiben zu können. Doch was passiert, wenn diese schon fragwürdigen Druckimpulse immer noch nicht ausreichen, um das Pferd zu bewegen? Wird das nächste Hilfsmittel eingesetzt? Bei der Verwendung von Druckmethoden liegt es in der Natur der Sache, dass diese gesteigert werden, um eine Reaktion zu erzwingen. So kann leicht eine Gewaltspirale entstehen. Immer mehr Druck wird nötig, um ein Ergebnis zu erzielen.

Mensch und Pferd stumpfen immer weiter ab und betrachten ein gewisses Maß an Gewalt infolgedessen als normal. So wird die Einwirkung nach und nach immer mehr gesteigert und gezielt mit Schmerzreizen und immer schärferen Hilfsmitteln gearbeitet. Von einem gemeinsamen Miteinander im Sinne des Pferdes kann dann oft nicht mehr gesprochen werden.

Daher gilt bei der Frage nach einem ethisch vertretbaren Miteinander von Pferd und Mensch: Die Androhung von Strafe und die tatsächliche Ausübung von Druckreizen zum Erreichen eines Trainingsziels sind vermeidbar, wenn kleinschrittig und positiv über Lob und Belohnungen gearbeitet wird. So lernt das Pferd gern, ohne Angst vor „Fehlern" zu haben.

Frage 6: Werden wissenschaftliche Begriffe korrekt angewendet?

Wie bereits erwähnt, sollen bestimmte Begrifflichkeiten in Beschreibungen einzelner Trainingsmethoden das Tun des Trainers rechtfertigen und die tatsächliche Vorgehensweise beschönigen. Dazu werden häufig wissenschaftlich anmutende Begriffe gewählt, um eine erkennbare Relevanz der Methode hervorzuheben oder aber die vermeintliche „Natürlichkeit" der Methode zu unterstreichen. Möchte man die ethische Vertretbarkeit einer Methode beurteilen, so ist Aufmerksamkeit geboten, ob Begrifflichkeiten zur natürlichen Struktur der Pferdeherde oder die artspezifische Körpersprache betreffend wirklich wissenschaftlich korrekt verwendet werden oder ob sie zu eigenen Zwecken abgewandelt dargestellt werden.

Vieles, was sich zunächst schlüssig anhört, ist aus dem wissenschaftlichen Zusammenhang gerissen oder aber verkürzt dargestellt oder bewusst abgeändert. Viele Pferdetrainingsmethoden orientieren sich beispielsweise an der sogenannten vereinfachten Dominanztheorie. Dieser seit Jahrzehnten bereits widerlegten Theorie zufolge, wird der Mensch durch gezieltes sogenanntes Dominanztraining zu einer Art Führungspersönlichkeit, der das Pferd bedingungslos überall hin folgt.

Abgeleitet wird diese Methode von der angeblich streng hierarchischen Ordnung innerhalb der Pferdeherde. Diese soll nach einer veralteten Auffassung einer linearen Ordnung entsprechen, bei der ein einziges Leittier, das Alphatier, die Herde durch alle Eventualitäten führt und dem sich die anderen Herdenmitglieder bedingungslos unterordnen. Neuere wissenschaftliche Erkenntnisse belegen jedoch, dass die strenge hierarchische Ordnung innerhalb der Pferdeherde ein Mythos ist. Sie besteht vielmehr aus einem Beziehungsgeflecht.

Je nach ökologischen Gegebenheiten können diese Beziehungsstrukturen zudem von Herde zu Herde sehr unterschiedlich stark ausgeprägt sein. Im Gesamtbild wird die Pferdeherde aus heutiger wissenschaftlicher Sicht von Freundschaftsbeziehungen, Paarbindungen und Dreieckskonstellationen bestimmt, die beispielsweise durch Koalitionen einzelner Tiere miteinander bestehen.

Nehmen wir einmal an, dass Pferd 1 sich dominant gegenüber Pferd 2 verhält, Pferd 2 wiederum gegenüber Pferd 3, aber Pferd 3 nun wiederum gegenüber Pferd 1, so wird deutlich, dass eine solche Dreiecksbeziehung einer direkten linearen Rangordnung widerspricht. Dazu kommt die Tatsache, dass sich Freundschaften innerhalb der Gruppe auf die Stellung des jeweiligen Pferdes in der Herde auswirken. So kann sich ein eng mit Pferd 2 befreundetes Pferd 1 beispielsweise gegenüber Pferd 3 dominant verhalten, wenn Pferd 1 anwesend ist. Ist dieses gerade nicht zugegen, besteht die Möglichkeit, dass wiederum Pferd 3 Pferd 2 schicken kann und dominante Verhaltensweisen zeigt. Das verdeutlicht wiederum, dass es keine streng und einmalig fixierten Positionen innerhalb einer Rangordnung gibt, bei der die einzelnen Tiere Positionen wie auf den Sprossen einer Leiter innehaben, sondern dass es ein dynamisches Geschehen ist, welches in einer Pferdeherde die sozialen Beziehungen widerspiegelt.

Neuere Forschungsergebnisse lassen darauf schließen, dass es in der Natur nicht immer dasselbe Pferd ist, welches permanent die Führung übernimmt, sondern je nach Situation ganz unterschiedliche Tiere. Wer wann welche Handlungen dominiert oder aktiv wird ist sowohl hormonell bedingt als auch situationsabhängig und jahreszeitlichen Schwankungen unterworfen und von vielen weiteren Faktoren wie Umweltbedingungen und vom Pferdetyp abhängig.

Es gibt dominantes Verhalten, bei dem ein Pferd in einer bestimmten Situation oder Begegnung mit einem anderen seine Ziele durchsetzen kann. Dieses Verhalten führt nicht generell zu einer neu erkämpften Position in der Herde. Es ist eine Momentaufnahme im Sozialkontakt, wenn zwei oder mehr Individuen der gleichen Art, die miteinander zu einem bestimmten Zeitpunkt, um Ressourcen konkurrieren.

Besonders wichtig bei dieser wissenschaftlichen Definition des Dominanzbegriffs ist der Nachsatz: *„Individuen der gleichen Art konkurrieren miteinander zu einem bestimmten Zeitpunkt um Ressourcen"*. Mensch und Pferd gehören nicht derselben Tierart an, und sie konkurrieren biologisch gesehen auch nicht um dieselben Ressourcen wie etwa Lebensraum, Nahrung oder Paarungspartner. Infolgedessen können sie auch nicht in einer Dominanzbeziehung zueinanderstehen. Der Begriff der Dominanz und der Rangordnung ist somit ein wissenschaftlich oft nicht korrekt verwendeter Begriff für die Beziehung zwischen Pferd und Mensch.

Daraus folgt für die Frage nach ethisch gerechtfertigten Trainingsmethoden. Wenn Begriffe wie „Alphaposition", Leithengst oder Leitstute verwendet werden, zieht man veraltete Erklärungsmodelle der natürlichen Herdenstruktur des Pferdes heran, um Gewalt gegenüber dem Pferd zu rechtfertigen.

Checkliste der Fragen

Frage 1: Welcher Lernkanal soll genutzt werden?
Frage 2: Welche allgemeine Erwartungshaltung entsteht beim Pferd?
Frage 3: Zeigt das Pferd Meideverhalten oder erlernte Hilflosigkeit?
Frage 4: Stimmt das gezeigte Training mit der Wortwahl überein?
Frage 5: Wie wird mit „Fehlern" im Training mit dem Pferd umgegangen?
Frage 6: Werden wissenschaftliche Begriffe korrekt angewendet?

KAPITEL 6

EMOTIONSFORSCHUNG IM DIENSTE DES PFERDESCHUTZES

KÖNNEN PFERDE FÜHLEN UND DENKEN?

Was sagt die Forschung dazu? Gefühle eines anderen Lebewesens nachzuvollziehen und zu erforschen ist nicht so einfach wie es scheint. Das Pferd ist eine auf eine andere Lebensweise angepasste Tierart als ein Hammerhai oder eine Küchenschabe. Ein Pferd ist ein Säugetier mit einem typischen Säugetiergehirn wie auch der Mensch eines besitzt. Dennoch kann man Pferde nicht einfach vermenschlichen und ihnen Gefühle aus menschlicher Sicht andichten. Sie erleben Emotionen aus Pferdesicht, der wir uns von außen nur annähern können. Das Pferdegehirn ist eine Verarbeitungszentrale, mit deren Hilfe sich das Pferd in seiner Umwelt mit seinen Reizen zurechtfinden kann.

Im Laufe der Evolution haben sich unterschiedliche Emotionssysteme entwickelt, die mit ihren je nach Emotion definierten, charakteristischen physiologischen Prozessen begleitet werden. Emotionen helfen bei der Bewertung von Reizen und führen zu spezifischen Verhaltensweisen und Reaktionen des Pferdes. Das Erleben bestimmter Gefühle führt also vereinfacht gesagt zu bestimmten Handlungen. Es ist wie eine nervengesteuerte Einbahnstraße.

Die Emotion Angst etwa führt beim Pferd in erster Linie zu Fluchtverhalten. Dieser Automatismus ist so bedeutsam für diese Tierart als solche, dass sie namensgebend für den Begriff des Fluchttieres ist, obwohl natürlich auch diese Bezeichnung einer vereinfachten Darstellung der Realität entspricht. Das Emotionssystem Lust dagegen führt, wie wir später genauer sehen werden, zu ganz anderen Reaktionen als Angst. Es führt nicht zu einem Meide- oder Fluchtverhalten, sondern im Gegenteil zu einem aktiven Suchen von Gelegenheiten, diese Emotion auszuleben.

Wissenschaftlich betrachtet führt jede denkbare Emotion von einer Empfindung im Gehirn mit dem dazugehörigen jeweiligen Denkprozess zu einem Abgleichen der aktuellen Realität mit Erinnerungen und Empfindungen und einem Abspeichern von Gefühlserlebnissen zu einer Veränderung des Verhaltens. Jede gefühlsbedingte Verhaltensveränderung wiederum ist von physiologischen Veränderungen wie Erhöhung oder Verringerung der Herzschlagfrequenz oder der Änderung der Muskelspannung und von Veränderungen der Körperhaltung, Bewegung, Körpersprache und Mimik begleitet.

Jede innere Gefühlsregung wird durch ein körperliches Geschehen auch nach außen hin sichtbar. Und über das gesamte Pferdeleben gesehen entwickeln sich so Charaktermerkmale und Persönlichkeitsstrukturen, je nachdem, wie häufig und wie intensiv welche Gefühle das Tier erlebt und welche Handlungen folglich vermehrt gebraucht wurden. Es entstehen individuelle Verhaltensmuster und Charakterzüge, manche Pferde ruhen mehr und mehr in sich selbst und entwickeln sich zu stabilen Persönlichkeiten, andere werden geradezu neurotisch in ihrem Verhalten. Um Sorge für die psychische Gesundheit von Pferden zu tragen, ist es entscheidend, nicht nur Grundbedürfnisse zu befriedigen, sondern eben auch die emotionalen Bedürfnisse des Pferdes zu sehen und zu berücksichtigen. Nur so kann es sich gesund entwickeln und als Persönlichkeit reifen.

Erinnerungen sind stets emotionsgebunden. Besonders wenn intensive Gefühle – positive wie negative – beteiligt sind, ist die Erinnerung an eine Situation oder ein Ereignis besonders stark und präsent. In der Fohlen- und Jungpferdezeit, wenn das Pferdegehirn reift und sich schnell entwickelt, entstehen aus dem emotionalen Erleben ganz wichtige Fähigkeiten wie beispielsweise die allgemeine Fähigkeit zur Lösung von Problemen, die Anlage zum Umgang mit Stress und Frustration oder die Fähigkeit, die eigene Aufmerksamkeit zu lenken und sich zu konzentrieren.

Je nachdem wie das junge Pferd aufwächst, wird es befähigt, sich im späteren Leben zurechtzufinden, und ein glückliches und psychisch gesundes Pferdeleben zu führen. Die subjektive Empfindung ist es also, die dem Pferd dazu verhilft, Entscheidungen zu treffen, Bedrohungen zu erkennen, Impulsen zu folgen oder gelernte Fertigkeiten anzuwenden.

Entscheidend ist auch die emotionale Grundstimmung. Je mehr positive Erlebnisse das Pferd im Laufe des Lebens erfährt und je mehr es das Gefühl hat, mit seinem Verhalten dazu beizutragen, Situationen bewältigen zu können und sich wohlzufühlen, desto positiver wird seine allgemeine Grundstimmung sein. Es wird also offener auf Neues zugehen, Misserfolge leichter wegstecken und weniger leicht frustriert sein als ein Pferd, welches durch einen ungünstigeren emotionalen Lebenslauf eine eher negative Grundstimmung mitbringt. Eine solche negative Grundstimmung hat nicht nur Auswirkungen auf unseren Umgang mit einem davon betroffenen Pferd, sondern auch auf seinen Gesundheitszustand.

Handlungsspielraum

Stress und Angst erhöhen die Wahrscheinlichkeit, dass ein Pferd erkrankt oder sich verletzt, und sein Immunsystem wird schwächer sein als das eines zufriedenen Tieres. So gesehen ist es eine wichtige Aufgabe für uns als Pferdebesitzer, unserem Pferd möglichst viele positive Empfindungen und so wenige negative und nicht überwindbare Emotionen zu verschaffen wie irgendmöglich. In diesem Zusammenhang ist es wichtig, das Konzept der Selbstwirksamkeit zu kennen und zu berücksichtigen.

Man geht davon aus, dass die mentale Gesundheit bei Mensch und Tier auch entscheidend davon abhängt, wie es seinen eigenen Handlungsspielraum erlebt. Auch Pferde brauchen das Gefühl, sowohl in ihrem Alltag wie auch im Training, selbstwirksam handeln zu dürfen. Sie lieben es, eigene Entscheidungen treffen zu können und Herausforderungen auf ihre ureigene Art zu meistern. Sie wollen erleben, wie ihr Verhalten zu einer Verbesserung des eigenen Zustands führt oder dazu, dass ein Bedürfnis befriedigt wird.

Viel zu oft erleben Pferde in ihrem Alltagsleben massive Einschränkungen und können eben nicht selbstbestimmt handeln. Die meisten Entscheidungen in ihrem Leben trifft der Mensch, etwa die Zusammensetzung ihrer Stallgemeinschaft, die Fütterungszeiten und Futterqualität, das Angebot an Freizeitbeschäftigungen und die Möglichkeiten, ihren Bewegungsdrang auszuleben. Ganz banal können sie oft genug nicht einmal selbst entscheiden, ob sie im Schatten oder in der prallen Sonne stehen wollen oder ob sie überhaupt einmal frei galoppieren können.

Je häufiger das Pferd Emotionen unterdrückt, keine Selbstwirksamkeit erfährt und sich nicht ausleben kann, desto negativer wird sich das auf seine psychische Gesundheit auswirken. Wieder ein Stück Selbstwirksamkeit zurückgeben können wir unseren Pferden vor allem mit einer möglichst naturnahen Haltungsform, in der sie ihr natürliches

Verhaltensrepertoire ausleben können. Es geht darum, Wahlmöglichkeiten zu schaffen, um eine Vielfalt an Verhaltensweisen zu ermöglichen, Bedürfnisse zu befriedigen und sich selbst vollständig auszuleben.

Dabei ist es wichtig, die Anzahl der Wahlmöglichkeiten an der Persönlichkeit des Pferdes und an seinem bisherigen Lebensstandard zu orientieren. Ein reizarm aufgewachsenes Pferd kann beispielsweise leicht überfordert sein, wenn es aus der kleinen Welt einer hochvergitterten Einzelbox mit dreimal täglich zugeteiltem Futter in die unsichere größere Welt eines komplexen Aktivstalls mit 40 Artgenossen wechselt.

EIN BLICK IN DIE WISSENSCHAFTLICHE EMOTIONSFORSCHUNG

Vorreiter auf dem Gebiet der Erforschung des Gefühlslebens von Tieren war Charles Darwin mit seinem 1872 erschienenen Buch „Der Ausdruck der Gemütsbewegungen bei dem Menschen und den Tieren“ (im englischen Original: „The Expression of the Emotions in Man and Animals“). Es ging ihm damals vor allem um die Frage, wie sich eine Emotion im Ausdruck bei Tier und Mensch widerspiegelt und ob und inwiefern dieser jeweilige charakteristische Ausdruck angeboren oder über das Lernen im Laufe des Lebens erworben und verändert wird. Sein Werk gilt als Grundlage dafür, die Parallelen im Verhalten zwischen Mensch und Tier zu sehen und als Untermauerung der von ihm mitbegründeten Evolutionstheorie.

In den letzten 150 Jahren wurden viele weitere Forschungsergebnisse zum Erleben von Gefühlslagen vorgestellt, die den Bewertungsprozess vom Tier als seelenloser Automat zum Ansatz das Tier als fühlendes, dem Menschen sehr ähnliches Wesen anzuerkennen und dessen Rechte mehr und mehr zu berücksichtigen, begleiten.

Eine besondere Rolle spielt in diesem Zusammenhang die Arbeit von Jaak Panksepp, einem Psychologen, der seit den 1970er-Jahren vor allem die Zusammenhänge von Hirnaktivität und dem Sozialverhalten von Menschen und generell Säugetieren erforscht hat. Er konnte Forschungsgrundlagen liefern, nach denen diverse Basisemotionen und Grundbedürfnisse definiert werden können.

Die neuronale Grundlage dieser Emotionen im Gehirn geht laut Panksepp vom Zwischenhirn aus. Dort liegt der Hypothalamus, der als Schaltzentrale für das vegetative Nervensystem unter anderem unterschiedliche Neurotransmitter und Botenstoffe im Gehirn steuert, die wiederum für die verschiedenen Prozesse des Körpers wie Schlaf- und Wachrhythmus, Hunger und Durst oder aber das Sexualverhalten verantwortlich sind.

Panksepp war in der Lage, neuronale Schaltkreise zu identifizieren, genauer zu beschreiben und eindeutig von jeweils anderen emotionalen Wirkmechanismen abzugrenzen. So kam er zu dem wissenschaftlich bahnbrechenden Schluss: The evidence is now inescapable: at the basic emotional level, all mammals are remarkably similar. (Der Beweis ist nun unausweichlich: Auf der grundlegenden emotionalen Ebene sind sich alle Säugetiere bemerkenswert ähnlich).

Panksepp definierte sieben Basis-Emotionssysteme, die für alle Säugetiere gleichermaßen gelten und als wiedererkennbare wissenschaftliche Bezeichnungen in Großbuchstaben ausgedrückt und mit englischen Begriffen bezeichnet werden. Jedes dieser Emotionssysteme hat bestimmte, neuronale Grundlagen, durch die man den Pferdekörper in bestimmten Situationen als Reaktion steuern kann.

Diese sieben Emotionssysteme sind: das SEEKING-System, ein aktivierendes Gefühlssystem, welches beispielsweise die Nahrungssuche begleitet, aber auch generell mit Neugier verknüpft wird; das FEAR-System, also die Steuerungsinstanz für alles, was mit Vorsicht, Angst und Stressempfindung zu tun hat; das RAGE-System, welches aggressive Verhaltensweisen steuert und die Empfindung von Wut und Ärger beinhaltet; das LUST-System zur Regulation des Sexualverhaltens und zur Befriedigung vieler Bedürfnisse; das CARE-System als Organ der Fürsorglichkeit und wichtiger Aspekt im Sozialverhalten und für die Mutterstuten-Fohlen-Bindung; das PLAY-System mit der verknüpften Freude und Leichtigkeit und der Fähigkeit zur Bildung funktionierender Herdengemeinschaften und das PANIC/GRIEF-System, welches für das Fluchttier Pferd enorm wichtig ist, da es für die Vorsicht in potenziell gefährlichen Situationen sorgt und zur schnellen, überlebenswichtigen Flucht verhilft.

Jedem der hier genannten Emotionssysteme liegen bestimmte neuronale Prozesse zugrunde, die nur bei Aktivierung dieses einen Emotionssystems greifen und nicht bei einem der anderen. Daher können auf dieser neuronalen Ebene verschiedene Emotionen beim Pferd auch wissenschaftlich erfasst werden. Auf diese möchte ich im Folgenden noch etwas genauer eingehen.

Die Emotionssysteme nach Panksepp

1. SEEKING-System
2. FEAR-System
3. RAGE-System
4. PLAY-System
5. LUST-System
6. CARE-System
7. PANIC/GRIEF-System

---

1. Das SEEKING-System

Der englische Begriff „SEEKING" steht für das Erkundungsverhalten des Pferdes, also beispielsweise für alle Verhaltensweisen, die für die Futtersuche, das Finden neuer Wasserstellen nötig sind oder aber mit der persönlichen Entwicklung, dem Lernverhalten des Pferdes zu tun haben. Es sucht die Nähe zu anderen Herdenmitgliedern, versucht aktiv seine Position und Rolle im Herdengefüge zu finden und erkundet ständig seine Umwelt. Allgemein kann man zusammenfassen, dass kennzeichnend für das Erkundungsverhalten auch die Suche nach Erfahrungen ist, da jedes Lebewesen aus den Konsequenzen des eigenen Verhaltens, also aus eben jenen Erfahrungen lernt.

Es sucht primär nach positiven Erfahrungen und vermeidet negative Erlebnisse. Entsprechend könnte man sagen, es sucht das eigene Wohlbefinden und vermeidet Schmerz und Leid jeglicher Art. Nur so ist es möglich, dass ein Pferd die eigenen Grundbedürfnisse stillen und sich darüber hinaus als Persönlichkeit weiterentwickeln kann. Die zentral am Emotionssystem SEEKING beteiligten Neurotransmitter und Botenstoffe sind laut Panksepp Dopamin, Glutamat, verschiedene Opiode und Neurotensin.

Das SEEKING-System wird aktiviert, wenn man das Pferd mental anregt. Dabei ist es egal, ob es im Training geschieht, wenn das Pferd eine Belohnung oder ein Lob für eine gelungene Lektion erhält oder aber in seinem Paddock durch viele verschiedene Futterstellen dazu motiviert wird, sich auf eine kleine Wanderung zu begeben. Die Anregung des Gehirns ist es, was sich positiv auf das Wohlbefinden und das Glücksgefühl des Pferdes auswirkt. Es braucht ein lebenswertes Umfeld, um psychisch gesund zu bleiben. Ein reizarmes, eintöniges Leben dagegen führt zu einer Hemmung des SEEKING-Systems und damit zu Frustration und Stress.

Besonders das im Volksmund auch als Glückshormon bekannte Dopamin ist in diesem Zusammenhang mit seiner antriebssteigernden, aktivierenden Wirkung essenziell für die Motivation und Aktivität des Pferdes von großer Bedeutung. Ein Mangel an Dopamin führt hingegen zu Passivität, verminderter Konzentrationsfähigkeit oder gar zu Depressionen. Es ergibt sich also die Notwendigkeit für ein mental gesundes Pferd auch immer an ein passendes Maß an positiver Anregung des Erkundungsverhaltens zu denken. Neue Situationen in Ruhe kennenzulernen, Gegenstände im eigenen Tempo untersuchen zu können oder aber angenehme Situationen zu schaffen, das ist eine große Aufgabe für sämtliche Pferdebesitzer.

2. Das FEAR-System

Das Emotionssystem Angst ist evolutionsbiologisch betrachtet ein im Tierreich sehr altes und mächtiges System. Es sichert dem Pferd sein Überleben durch diverse Mechanismen wie Aufmerksamkeit, Sensibilität der Sinne, allgemeine Vorsicht Unbekanntem gegenüber und schneller Flucht. Das FEAR-System wird also beispielsweise von diversen Außenreizen wie dem Auftauchen potenzieller Raubtiere, lauter Geräusche oder schlicht schneller Bewegungen im seitlichen Blickfeld des Pferdes aktiviert. Einmal aktiviert wird das Pferd je nach Stärke der Beunruhigung diesen Reiz zukünftig meiden oder gar direkt flüchten. Aus einer anfänglichen Sorge oder Furcht kann das Pferd schnell in den Überlebensmodus umschalten, in dem Denken und Handeln nur noch auf die empfundene Gefahr fokussiert sind und alle Körperfunktionen das Fluchtverhalten unterstützen.

Im FEAR-Modus steigen Blutdruck und Herzschlag, die Muskulatur wird angespannter und die Aufmerksamkeit des Pferdes richtet sich nach außen. Es versucht, mögliche Bedrohungen rechtzeitig zu entdecken. Das FEAR-System ist besonders von den Botenstoffen Glutamat und dem Neuropeptid Y und einigen anderen mit Stress und Angst assoziierten Neurotransmittern geprägt. Im Angstmodus wird ein evolutionsbiologisch gesehen sehr alter Teil des Pferdegehirns, die Amygdala oder der Mandelkern genannte Bereich, aktiv. Hier finden die emotionale Bewertung und Wiedererkennung von Situationen sowie die Analyse möglicher Gefahren statt. Hat sich der Mandelkernkomplex einmal aktiviert, so ist das Pferd komplett von dieser Emotion bestimmt und das positive Lernvermögen somit unterdrückt.

Es ist sehr wichtig, sich zu vergegenwärtigen, dass sich ein besorgtes, vorsichtiges Pferd immer auch sehr empfänglich dafür zeigt, andere zufällig gleichzeitig geschehene Ereignisse ebenfalls als gefährlich einzustufen und mit der Emotion Angst zu verknüpfen. So kann aus einer anfänglichen Spritzenphobie schnell eine handfeste Tierarztphobie werden. Daher tut man gut daran, mögliche Angstauslöser rechtzeitig zu erkennen und positiv zu belegen.

Es gilt also, jedem Pferd möglichst viele positive Erfahrungen zu schenken. Über Belohnungen kann es so lernen, sich allgemein offener mit neuen Situationen zu beschäftigen oder Gegenstände zu erkunden. Da Angst generell das Wohlbefinden hemmt, sollte man versuchen, dem Pferd ein möglichst angstfreies und stressarmes Leben zu ermöglichen. Das heißt nicht, dass man es bildlich gesprochen in Watte packt und von allen Außenreizen abschottet, sondern im Gegenteil Bewältigungsstrategien erarbeitet und sein Selbstbewusstsein stärkt.

3. Das RAGE-System

Auch unter Pferden gibt es die Notwendigkeit, über einen inneren Mechanismus für die Empfindung von Zorn oder Wut zu verfügen. Nur eine gewisse Reizbarkeit ermöglicht die Entwicklung einer Aggression und sichert auf diesem Wege ebenfalls das Überleben des Pferdes oder seine soziale Stellung. Pferde brauchen das RAGE-System, um sich selbst oder ihre Nachkommen zu verteidigen. Immer, wenn eine Flucht unmöglich oder erschwert ist, schaltet sich das innere Aggressionssystem des Pferdes ein und verhilft ihm mit einer beteiligten Aktivierung der benötigten Kraftressourcen und einer vorübergehenden Schmerzunempfindlichkeit zum Kampf.

Auch Konflikte mit anderen Pferden können zum Auslösen des RAGE-Systems führen. So wird ein fremdes Pferd oft vehement von eigenen Ressourcen wie Heuraufe oder Wasserstelle oder gar von den eigenen Herdenmitgliedern ferngehalten und vertrieben. Ermöglicht wird das aggressive Verhalten des Pferdes durch die aktivierende Wirkung der Neurotransmitter Acetylcholin, Glutamat und des Neuropeptids Substanz P. Dieser dem RAGE-System so eigener Chemiecocktail ermöglicht es dem Pferd, punktuelle Höchstleistungen zu vollbringen, braucht aber auch seine Zeit, um sich wieder zu neutralisieren.

4. Das PLAY-System

Die Freude am Spiel, vor allem bezogen auf das Sozialverhalten, ist für das Pferd ein wichtiger Antrieb. Spielerische Verhaltensweisen ermöglichen eine lockere Interaktion zwischen den Individuen, sie stärken das Selbstbewusstsein und ermöglichen neue eigene Erfahrungen. Im Spiel lernt das Pferd sich selbst und seine körperlichen und geistigen Möglichkeiten in Bezug auf die Umwelt kennen. Es lernt, das eigene Verhalten gezielt zu steuern und erfährt die Reaktionen anderer Herdenmitglieder auf die eigenen Handlungen.

So wird auch ein Trainingseffekt in Bezug auf die Leistungsfähigkeit und die Geschicklichkeit ermöglicht. Kurz gesagt: Das Pferd wächst an einer Fülle an Möglichkeiten, sich zwanglos mit anderen Dingen und Außenreizen auseinanderzusetzen. Ein Mangel an Spielmöglichkeiten kann zu einer Unterentwicklung von Persönlichkeit und Selbstbewusstsein führen. Das Bedürfnis nach Spiel ändert sich im Laufe des Pferdelebens allerdings stark. Während Fohlen häufig spielen, lässt die Häufigkeit des Spielverhaltens im Laufe der ersten Lebensjahre nach.

Das Spielverhalten des Pferdes ist in seinem neuronalen Schaltkreis charakteristisch geprägt von dem Wirkmechanismus des Acetylcholins, verschiedener stimmungsaufhellender und glücklich machender Opioide und vom Glutamat. Das Spielverhalten ist vergleichsweise störungsanfällig. Schon eine geringe Konzentration jener Botenstoffe, die eine negative Emotion auslösen, reicht aus, um das Spielverhalten zu reduzieren oder ganz zu beenden.

5. Das LUST-System

Das Emotionssystem, das das Sexualverhalten des Pferdes steuert, ist das von Panksepp als LUST-System bezeichnete neuronale System. Für die Partnersuche und auch die Paarung und Fortpflanzung ist es notwendig, dass Pferde die Möglichkeit haben, sich ganz auf diesen so wichtigen Lebensbereich fokussieren zu können. Hormonell und jahreszeitlich gesteuert wird durch dieses Emotionssystem zum Beispiel das Imponierverhalten des Hengstes, das Umwerben der Stute, aber auch die Bereitschaft zum Konkurrenzkampf oder die Paarung an sich gesteuert.

Stuten und Hengste unterscheiden sich etwas in dem beteiligten Hormoncocktail, beiden gemein ist aber die Beteiligung unterschiedlicher Botenstoffe wie Steroide, Vasopressin oder Oxytozin. Bei Stuten wird so zum Beispiel das typische Verhalten während der Rosse gesteuert, aber auch das Stehenbleiben während der Paarung. Da Hengste bekanntermaßen in ihrem Sexualverhalten sehr unterschiedlich heftig reagieren können, werden viele männliche Pferde bereits als Jungpferde kastriert. Das Sexualverhalten reduziert sich dadurch zumeist enorm, verschwindet jedoch nicht vollständig, da bei allen Säugetieren die Hormonproduktion nicht nur in den primären Geschlechtsorganen erfolgt, sondern auch in anderen Drüsen des Körpers stattfindet.

Das Sexualverhalten ist für das Pferd ein elementar wichtiger Bereich. Die Fortpflanzung sichert den Fortbestand der Art und das Ausleben der geschlechtsspezifischen Verhaltensweisen ist ein wichtiger Bestandteil der Persönlichkeitsentwicklung und dem Wohlbefinden. Gleichzeitig kollidieren diese völlig normalen Verhaltensweisen oft mit der „Nutzbarkeit“ des Pferdes. So gibt es immer wieder

Stuten, die während der Rosse schwieriger zu reiten sind, weil sie den vorwärtstreibenden Impuls des Reiterbeins nicht wie gewohnt mit einer fleißigeren Bewegung beantworten, sondern langsamer werden.

Hengste dagegen können zum Teil in Gegenwart von Stuten so unkonzentriert sein, dass sie gar nicht reitbar sind. Gleichzeitig gelten Hengste unter Showreitern oft als besonders ausdrucksstark und werden in diesem Bereich gerne eingesetzt. Einher geht damit allerdings häufig das Problem der artgerechten Haltung, da es oft nicht möglich ist, einen Hengst in einem gewöhnlichen Pensionsbetrieb in eine Herde zu integrieren. So werden Hengste nach wie vor oft isoliert gehalten und in ihren sozialen Bedürfnissen stark eingeschränkt.

6. Das CARE-System

Der neuronale Schaltkreis des CARE-Systems im Pferdegehirn ermöglicht es erst, das einzigartige Bindungsgeflecht der Pferdeherde zu entwickeln. Die soziale Struktur der Pferdeherde ist geprägt von positiven Beziehungen, von Freundschaften und Kooperationen der Pferde untereinander. Ein solches Miteinander entsteht nicht in erster Linie durch Aggressionen, sondern im Gegenteil durch Zuneigung, Fürsorge und Harmonie.

Der neuronale Schaltkreis des CARE-Systems wird geprägt durch die Beteiligung unterschiedlicher Opiode, Oxytozin, Prolactin und vor allem wiederum vom Glückshormon Dopamin. Der Begriff „Care“, also Fürsorge, impliziert schon, dass es hier um das Miteinander, das Herdengefühl an und für sich geht. Jede liebevolle Zuwendung, direktes Lob und angenehmer Körperkontakt mit Streicheleinheiten aktivieren das CARE-System im Gehirn von Mensch und Pferd. Die angeregten positiven Gefühle führen zu einer intensiven Verbindung. Gleichzeitig führen die beteiligten biochemischen Prozesse zu einer allgemeinen Entspannung und Beruhigung, sodass sich das angenehme behütete Gefühl des Wohlbefindens einstellt. Pferde fühlen sich als Herdentiere in der Gegenwart anderer Artgenossen besonders wohl.

Der Mensch kann seine Verbindung und positive Beziehung zum Pferd durch gezieltes Ansprechen des CARE-Systems steuern, indem er sich Zeit für gemeinsame ruhige Aktivitäten gibt. Da sein für das Pferd, es beim Grasen begleiten, es sanft zu berühren oder ruhig zu loben, intensiviert das Vertrauen.

Ein Beispiel für das CARE-System ist auch die intensive Trennungsangst mancher Pferde, das Kleben an den anderen Herdenmitgliedern. Diese Pferde erleben eine Trennung von den anderen Pferden als elementare Gefahr. Sie fühlen sich verlassen von der Schutzgemeinschaft ihrer Herde und isoliert auf sich allein gestellt. Dafür ist die Tierart Pferd in der Natur nicht vorgesehen. Um solche Verlustängste zu vermeiden, ist es immens wichtig, dass der Mensch in die vertrauensvolle Beziehung zu seinem Pferd investiert. Nur so wird es lernen, uns als wichtige Bezugsperson zu sehen und sich auch an uns Menschen zu orientieren und ruhig zu folgen, wenn keine anderen Pferde in Sichtweite sind.

7. Das PANIC/GRIEF-System

Wie erwähnt ist das PANIC/GRIEF-System aktiv, wenn das Pferd den Trennungsschmerz von der Herde erlebt. Auch die Empfindungen Panik, Schmerz und Trauer werden durch dieses Emotionssystem gesteuert. Unbewusst gerät das Pferd bei einem Verlust von unterschiedlichen positiven Empfindungen und durch den Einfluss von Glutamat, verschiedenen Opioden, Corticotrophin-Releasing-Hormon (CRH) und dem Mangel an Oxytocin, Prolactin von leichter Unruhe mehr und mehr in Panik.

Echte Panik ist dabei für uns Menschen kaum mehr kontrollierbar, da das Pferd quasi wie auf Autopilot reagiert und versucht, sich selbst zu schützen. Erwähnenswert ist in diesem Zusammenhang das Corticotrophin-Releasing-Hormon, welches wiederum entscheidenden Einfluss auf den Cortisolspiegel nimmt. Cortisol ist uns allen als Stresshormon bekannt. Es entfaltet direkt in einer stressigen Situation seine Wirkungsweise als „Brandbeschleuniger", der das Unwohlsein des Pferdes erhöht und eine stressbedingte Verhaltensweise wie Flucht oder Kampf in Gang setzt. Indirekt spielt das Cortisol auch eine Rolle bei chronischem Stress, der für die Gesundheit des Pferdes so ungünstig ist.

Kann ein Pferd einer als stressig empfundenen Situation nicht entkommen oder diese adäquat bearbeiten, so stauen sich solche Stresshormone gewissermaßen im Körper auf. Ihre Gegenwart wiederum kann über einen längeren Zeitraum gesehen zu stressbedingten Krankheitsbildern, wie Magengeschwüren oder chronischen Durchfallerkrankungen und zu echten Verhaltensstörungen wie Koppen oder Weben führen.

Empfindungen verstehen

Zusammengefasst lässt sich sagen, dass es wichtig ist, diese sieben Emotionssysteme nach Panksepp zu kennen, um die Empfindungen des Pferdes verstehen zu können. Nur wenn die positiven Empfindungen vorherrschen und die negativen Emotionen möglichst vermieden oder kanalisiert werden, kann das Pferd sein emotionales Gleichgewicht immer wiederfinden.

KAPITEL 7

GEFÜHLE WISSENSCHAFTLICH ANALYSIERT

Die Gefühle eines Pferdes zu beurteilen, ist von entscheidender Bedeutung, seinen vielfältigen Bedürfnissen und Ansprüchen gerecht zu werden. Haltung, Umgang und Nutzung stellen uns Pferdeliebhaber täglich vor große Herausforderungen, denn in der Theorie klingen viele Methoden pferdefreundlich, die bei näherer Betrachtung doch eventuell im Sinne der Pferde anders bewertet werden müssen. Nur wenn sich das Pferd wohlfühlt, bleibt es langfristig gesehen vital und gesund, leistungsbereit und glücklich. Sein Recht auf ein erfülltes Pferdeleben stützt sich in großem Maße auf seine Befindlichkeit und die vorherrschenden Gefühlslagen.

Pferde zeigen ihre Gefühle über ihre Körpersprache, ihr Ausdrucksverhalten und ihre Mimik. Ihr Stoffwechsel verändert sich bei Angst, Stress oder Frustration und so gibt es etliche körperliche Veränderungen und Merkmale, aus denen Rückschlüsse auf die Gefühlslage des Pferdes gezogen werden kann. Dazu werden Pferde nicht nur für kurze Momentaufnahmen beobachtet, sondern in ausgefeilten

Testreihen begleitet, Zeitbudgets in unterschiedlichen Haltungsformen erstellt oder körperliche Auswirkungen unterschiedlicher Trainingsmethoden ausgewertet.

Damit sowohl verbindliche Richtlinien zur Pferdehaltung und zum Reitsport entwickelt werden können und die unterschiedlichen Interessenvertreter aus Pferdesport, Pferdezucht und Tierschutz über die gleichen Dinge sprechen, wurden in den letzten Jahrzehnten viele, viele Begriffe des Pferdeschutzes definiert und Parameter gefunden, mit denen man den Grad des Wohlbefindens oder Leids objektiv betrachten kann. Dazu kommen unterschiedliche Analyseverfahren zum Einsatz, teilweise aus dem tiermedizinisch-physiologischen Bereich, teilweise aus dem ethologischen Fachbereich.

In Summe ergibt sich so ein Gefüge, welche Merkmale für das Wohlbefinden des Pferdes erfüllt sein müssen. Dieses Gesamtbild ermöglicht dann eine möglichst objektive Bewertung einzelner Situationen und dient somit immer einer zielführenden ethischen Diskussion zur Anpassung der bestehenden Richtlinien und Gesetzesentwürfen.

Es geht also darum, möglichst viele Parameter zu finden, die eine Aussage über die aktuelle Befindlichkeit des Pferdes zulassen, um den Grad von Wohlbefinden oder Leid möglichst objektiv einschätzen zu können. Dabei gibt es sowohl Verhaltensaspekte, die besonders im Fokus der Aufmerksamkeit sind, wenn es um die Beurteilung des Tierwohls geht, als auch physiologische, also messbare stoffwechselbedingte Veränderungen beim Pferd.

Ein paar dieser Merkmale möchte ich im Folgenden beispielhaft aufgreifen, da sie eine kennzeichnende Rolle spielen, Stress und Schmerzen beim Pferd möglichst objektiv aufzudecken und den Grad an Entspannung und Zufriedenheit zu bestimmen. Dabei möchte ich zunächst die ethologischen Parameter beleuchten, also jene, die sich auf die Beobachtung des Pferdeverhaltens beziehen und mich danach den physiologischen Parametern zuwenden, die auf der Ebene des Pferdestoffwechsels Aufschluss über sein Wohlbefinden geben können.

ETHOLOGISCHE ASPEKTE: VERHALTEN KLASSIFIZIEREN

Abweichungen vom Normalverhalten

Die Tierart Pferd und ihr arttypisches Verhalten ist als solches bereits seit vielen Jahren gut erforscht. Es gibt Ethogramme, die einen Überblick über sämtliche sowohl in der Natur als auch in der Haltung in menschlicher Obhut beobachtbare Verhaltensweisen geben. Aufbauend auf diesen Forschungsarbeiten haben andere Wissenschaftler Studien über die Häufigkeit des Auftretens einzelner klar definierter Verhaltensweisen in unterschiedlichen Kontexten wie diversen Haltungsformen oder unterschiedlichen ökologischen oder klimatischen Bedingungen gemacht. Dabei sind auch die vielen verschiedenen Pferdetypen und Rassen miteinander verglichen worden, um gewissermaßen Mittelwerte zu erhalten. Dies sind Normwerte, an denen sich nun das Verhalten eines bestimmten zu beobachtenden Pferdes im Vergleich zum Durchschnitt beurteilen lässt.

Natürlich ist die individuelle Bandbreite bei Pferden wie beim Menschen sehr groß. Daher sollte nie nur ein einziger kennzeichnender Verhaltensaspekt bei der Frage nach der Befindlichkeit des Pferdes zurate gezogen werden, sondern so viele wie möglich, um eine seriöse Einschätzung des Stresspegels für ein bestimmtes Tier in einer bestimmten Situation zu erreichen. Dazu werden beispielsweise sämtliche Aktivitäten des Tieres über einen bestimmten Zeitraum hinweg dokumentiert und dabei die Häufigkeit und Anzahl jener Verhaltensweisen ermittelt, die eindeutig dem positiven Gefühlsbereich oder eben den negativen Empfindungen zugeordnet werden können.

Ganz oben auf der Liste jener Gesichtspunkte, die etwa für eine Einordnung der artgerechten Pferdehaltung wichtig ist, stellt das sogenannte Zeitbudget des Pferdes dar. Das Zeitbudget gibt Aufschluss darüber, wie das Pferd seinen Tag verbringt. Also welchen Tagesablauf es innerhalb von 24 Stunden hat, womit es wie lange und wie intensiv beschäftigt ist. Diese Tagesablaufbeobachtungen werden über so viele Tage wie möglich gemacht, um einen durchschnittlichen Tag des Pferdes in der gewählten Haltungsform abbilden zu können. Nun wird für jeden denkbaren Verhaltensbereich die tatsächliche Beobachtung mit dem Durchschnitt für eben diese Haltungsform und darüber hinaus mit der Situation in der Natur bzw. in einer anderen Haltungsform verglichen.

So kommt der Verhaltensexperte möglichen Problemfeldern in der Haltung schnell auf die Schliche. Je größer die Abweichung und je mehr unterschiedliche Verhaltensbereiche betroffen sind, desto wahrscheinlicher ist es, dass das Pferd Stress empfindet, weil es nicht artgerecht gehalten wird und so langfristig gesehen Schaden nehmen könnte. Dabei kommen oft neben den klassischen Videoaufzeichnungen auch die Erhebung von Daten über GPS-Systeme infrage.

Beispiel Fressdauer

Pferde verbringen als Dauerfresser sehr viel Zeit des Tages mit der Nahrungsaufnahme. Sie zupfen in der Natur mal hier mal dort einen Halm, während sie sich langsam im Schritt mit zumeist gesenktem Kopf fortbewegen. Bei halbwild gehaltenen Islandpferden ermittelte Sigurjónsdóttir in seiner Studie (2012) einen Wert von 77 % des Tagesbudgets. Andere Studien kommen je nach Jahreszeit, Pferdetyp oder ökologischen Bedingungen auf einen Mittelwert von 62 % Zeitbedarf pro Tag für die Nahrungsaufnahme. Boyd & Bandi (2002) gaben dabei im Weiteren im Schnitt 13,4 % pro Tag für die zusätzliche Bewegungsdauer ohne gleichzeitige Nahrungsausnahme an.

Man kann also sagen, dass Pferde sich in der Natur mindestens mehr als die Hälfte des Tages mit der Futteraufnahme beschäftigen und sich mindestens 10 % des Tages in Bewegung sind, um etwa einen Standortwechsel vorzunehmen, zu spielen oder vor einem Raubtier zu flüchten. Interessant dabei ist die Tatsache, dass sich auch Hauspferde in halbwilden Arealen ähnlich verhalten wie „echte" Wildpferde wie zum Beispiel Mustangs in der letzten verbleibenden Natur (McGreevy 2004).

Dagegen sieht das Timebudget bei den meisten Reit- und Freizeitpferden je nach Haltungsform ganz anders aus. Alarmierend zeigte die Studie von Houpt et al. (1986), dass Boxenpferde nur ca. 15 % ihres Tagesbudgets mit Fressen beschäftigt waren, während sie 71 % der Zeit einfach herumstanden. Pferde in Weidehaltung kamen mit 51 % des Timebudgets auf annähernd naturnahe Werte.

Natürlich sind diese Werte nur Beispiele, denn sie differieren in der Literatur recht stark, weil immer auch mit einbezogen werden muss, ob die Tiere einzeln oder in der Gruppe gehalten werden und ob sie gesund oder bereits gesundheitlich eingeschränkt sind. Die Realität zeigt aber, dass sich eine besorgniserregende Tendenz zeigt, je weiter sich die Haltungsform von der Situation in der Natur entfernt. Ein Pferd ist nicht dafür gedacht, in Höhlen zu leben und auf kleinstem Raum mit minimalen Anreizen seine Zeit zu verbringen und pelletierte Nahrung in konzentrierter Form vorgelegt zu bekommen.

Auch im Offenstall ergibt sich oft das Problem, dass die Fressdauer als solche zwar ausreichend ist, die Pferde dafür aber den ganzen Tag regungslos an der gefüllten Heuraufe stehen und durch das von unseren Hochleistungswiesen gewonnene sehr energiereiche Heu dicker und dicker werden. Eine Patentlösung gibt es also nicht, jede Haltungsform hat ihre eigenen Problemfelder, die es zu beachten gilt. Wir sind es aber, die dem Pferd entweder das eine oder das andere Leben ermöglichen. Wollen wir nun den ethologischen Wert unserer

Pferdehaltung in Hinblick auf das Pferdewohl bewerten, so bietet es sich an, möglichst viele dieser Funktionsbereiche auf ihre Vergleichbarkeit mit den Normwerten zu prüfen.

Neben der puren Fressdauer gibt es natürlich auch noch die Frage nach der Anzahl der Kauschläge, dem puren Energiebedarf, den möglichen Fresspausen oder die Wahl der Futtermittel und sehr viele andere Faktoren, die abzuwägen sind, wenn man das Beste für sein Pferd ermöglichen möchte. Es gibt ja auch nicht nur das Fressverhalten und den Bewegungsbedarf, sondern ebenso das Liege- und Schlafverhalten, das Sozialverhalten und viele weitere Bereiche, die es auf ihre Tierfreundlichkeit hin zu überprüfen gilt.

Fazit Zeitbudgets

Geht man davon aus, dass es sehr viele unterschiedliche Kenngrößen gibt, die die Gesundheit des Pferdes bestimmen, so wird deutlich, dass eine solche Verhaltensanalyse im Sinne des Pferdeschutzes sehr komplex ist. Vermutlich kann niemand in sämtlichen denkbaren Lebensbereichen das Optimum für das eigene Pferd erreichen. Aber es ist wichtig, sich immer wieder die Frage zu stellen: Wo kann ich die Haltungsform verbessern? Was habe ich eventuell übersehen oder noch gar nicht bedacht? Ein Zurück zur Natur gibt es natürlich nicht, wohl aber einen Weg zu einer bestmöglichen artgerechten Haltung.

VERHALTENSSTÖRUNGEN ALS KENNGRÖSSEN

Echte Verhaltensstörungen kommen in der Natur nicht vor. Sie entstehen durch ein aufkommendes Zeitvakuum, also daraus, dass unser domestiziertes Pferd heute in einer Welt lebt, für die es nicht alle nötigen Anpassungsmechanismen hat. Wir berauben sie mit unserer Haltung ihrer natürlichen Bestimmung und ihren natürlichen Bedürfnissen nach Freiheit und Weite. Und obwohl wir ihnen gewissermaßen einen goldenen Käfig bieten ohne die Gefahren eines Lebens in der Wildnis, so entbehren sie doch fast allen Aspekten, für die ein Steppentier von der Evolution vorgesehen ist.

Ein Reitpferd hat zwar oft auf den ersten Blick alles, was es braucht, es kann aber viele natürlichen Verhaltensweisen nicht oder jedenfalls nicht ausreichend oft oder intensiv ausleben. Begonnen mit dem schon erwähnten veränderten Fress- und Bewegungsverhalten im Vergleich zum Wildpferd hat heute kaum ein Pferd mehr die Möglichkeit, in einem natürlich gewachsenen Herdenverband zu leben, selbstbestimmt Sexualpartner zu finden oder Nachkommen aufzuziehen. Es hat nicht immer die Wahl sich aussuchen zu können, im weichen Stroh zu schlafen, sich im Sand zu wälzen oder lieber ein Schlammbad zu nehmen. Es findet nicht mehr die Vielfalt an unterschiedlichen Gräsern und Kräutern, an Zweigen und Blättern von Sträuchern und Bäumen, die es in der Natur vorfinden würde.

Daraus entsteht in der Praxis das Problem, dass je weniger natürliche Bedürfnisse befriedigt werden, desto wahrscheinlicher entstehen Verhaltensstörungen. Diese Störungen im Verhalten, die psychisches Leid für das Pferd bedeuten, ergeben sich zum Beispiel aus der Frustration heraus, die mit dem Nichterfüllen natürlicher Bedürfnisse entstehen. Pferde sind dafür gemacht, enge und tiefe Beziehungen zu knüpfen, zu interagieren und sich auch körperlich nah zu sein. Hindert jedoch die Boxenwand oder gar die dazwischenliegende Stallgasse das Pferd am Kontakt mit einem anderen, so kommt Frust auf. Es hat den Wunsch zu interagieren, kann dieses Bedürfnis aber nicht vollständig befriedigen.

Aus der dabei beteiligten erhöhten Erregungslage heraus sucht sich das Pferd nun ein Ventil, diese Erregung zu kanalisieren. Je begrenzter die Möglichkeiten sind, überhaupt unterschiedliche Verhaltensweisen zeigen zu können, desto eher wird es in potenziell schädigende Verhaltensmuster oder Stereotypien verfallen. Stereotype Verhaltensweisen sind solche, bei denen ein Pferd ein bestimmtes Verhalten ohne große Variationen wieder und wieder ausführt, ohne dass es irgendein erkennbares Ziel erreicht oder eine bestimmte Funktion erfüllt wird.

Im Extrem kommt es so zum sogenannten Deprivationssyndrom oder Hospitalismus, also zu Verhaltensstörungen und Stereotypien, die aus mangelnden Anreizen, Vernachlässigung oder infolge ungünstiger Haltungsbedingungen auftreten. Die bekanntesten wie Koppen, Weben und zwanghaftes Boxenlaufen lassen sich um viele weitere, teils nicht ganz so auffällige Verhaltensweisen wie diverse Zungenstreckbewegungen, zwanghaftes Holznagen oder ein selbstverletzendes Verhalten ergänzen.

Gemeinsam ist all diesen Verhaltensstörungen, dass sie durch Mängel in der Pferdehaltung entstehen und durch vielfältige Faktoren weiter getriggert werden, wodurch sie sich nach und nach immer tiefer im Verhaltensrepertoire des betroffenen Tieres manifestieren, bis sie unabhängig vom ursprünglichen Auslöser chronisch auftreten.

Früher wurden solche Verhaltensstörungen als „Stalluntugenden" bezeichnet und damit die Schuld beim Charakter des Pferdes gesucht. Heute weiß man, dass Verhaltensstörungen immer auch ein Hinweis auf Defizite in Haltung, Fütterung oder Umgang des Pferdes sind. Es gibt einige nachgewiesene genetisch bedingte Neigungen bestimmter Pferderassen für die eine oder andere Verhaltensstörung (Vecchiotti & Galanti 1986), aber im Großen und Ganzen sind die wichtigsten Risikofaktoren zur Gefährdung des Pferdewohls zu wenig oder unzureichendes Raufutter, zu wenige Sozialkontakte bis hin zur Isolation und zu geringe Bewegungsanreize. Verhaltensstörungen sind insbesondere, wenn mehrere Pferde im Stall betroffen sind, immer ein Warnsignal, dass die Bedürfnisse der Tiere nicht ausreichend erfüllt werden.

Pferde in menschlicher Obhut leben in einem Spannungsfeld zwischen relativer Reizarmut, aufgrund der Beschränkungen in unseren Haltungsformen, und einer enormen Reizüberflutung, wenn der Mensch sie mit seinen Trainingsanforderungen und Wünschen konfrontiert, wie wir später noch sehen werden. Eine artgerechte Pferdehaltung bedeutet also eine Haltungsform, die ohne die Entwicklung von Verhaltensstörungen auskommt.

AUSDRUCKSVERHALTEN UND MIMIK ALS SPIEGEL DER EMPFINDUNGEN

Pferde drücken ihre Empfindungen über ihren Körper aus. Sie zeigen mit ihrem gesamten Verhalten, ob sie sich wohlfühlen oder Stress empfinden. Daher ist die Kenntnis des Ausdrucksverhaltens und der Mimik der Pferde und deren Interpretation eine wichtige Fähigkeit von Verhaltensexperten. Über die Körpersprache lässt sich ablesen, wann das Pferd entspannt ist, ob es Schmerzen hat oder Freude verspürt.

Es ist also nicht trivial, ob überhaupt und wie lange sich das Pferd zum Schlafen ablegt und in Seitenlage ruht, sondern ein Hinweis auf die Gesundheit seines Ruheverhaltens. Legt es sich dagegen in ungewöhnlichen Situationen ab, kann es etwa ein Hinweis auf durch Kolik oder unentdeckte Arthrose bedingte Schmerzen sein.

Die Analyse des Ausdrucksverhaltens ist vor allem im Hinblick auf die Interpretation von Stress und Schmerzen von großer Bedeutung. Ausführlich und reich bebildert bin ich auf dieses Thema in meinem Buch „Was fühlt das Reitpferd?“ eingegangen. Schmerzen zeigen sich beispielsweise im gesamten Verhalten des Pferdes.

Unter Schmerzen werden manche Pferde eher aktiver, andere eher passiver. Sie können ihren Schmerz durch bestimmte Verhaltensweisen wie ein Schlagen gegen den Bauch oder das Umwenden des

Kopfes in Richtung Rumpf ausdrücken. Die typische Schmerzmimik des Pferdes zeigt diverse charakteristische Merkmale. So sind laut Lebelt et al. die Anspannung der Kaumuskulatur, der Öffnungsgrad der Augen, die Anzahl und Beschaffenheit der Falten über dem Auge oder das fehlende Ohrenspiel typische Zeichen für Schmerzen beim Pferd. Um den Grad der Schmerzen möglichst objektiv beurteilen zu können, haben Lebelt und sein Team eine sogenannte Schmerzskala erarbeitet.

Mithilfe dieser Skala werden unterschiedliche nachvollziehbare und standardisierte Kriterien ermittelt und so die Schmerzbelastung des kranken oder verletzten Pferdes beurteilt. Zu diesem Zweck werden sechs für die Einteilung der Schmerzmimik wichtigsten Gesichtsbereiche, sogenannte Units, definiert. Diese Units betreffen die starr nach hinten gerichtete Ohrenstellung, den Grad der Verdeckung der Augen durch das Oberlid, die Spannung oberhalb der Augen, das prominente Hervortreten der Kaumuskulatur, der Spannungszustand von Maul und Kinn und die Anspannung der Nüsternregion.

Jedes Unit wiederum wird einzeln betrachtet und bekommt einen Wert zugeschrieben, je nachdem ob ein Schmerzmerkmal gar nicht sichtbar, moderat vorhanden oder deutlich beobachtbar ist. Jedes Gesichts-Unit wird dabei mit null Punkten, einem Punkt oder zwei Punkten bewertet, je nachdem ob die Schmerzanzeichen in diesem Gesichtsbereich nicht vorhanden, leicht vorhanden oder deutlich sichtbar sind. Da es sechs solcher Units gibt, die jeweils mit höchstens zwei Punkten bewertet werden können, ergibt sich ein sogenannter Score, der sich aus der Summe der einzelnen Werte ergibt von null bis zwölf. Ein rundum vitales, gesundes Pferd hätte also null oder sehr wenige Punkte als Score, der mittlere Bereich der Schmerzskala gibt Hinweise auf geringere Schmerzgeschehen oder chronische unterschwelligen Leiden und die Höchstzahl von zwölf kommt nur bei gravierenden starken Schmerzereignissen vor. Die Schmerzskala kann dabei helfen, den Zustand eines Pferdes in Hinblick auf Schmerzen und damit auf das Vorhandensein von Leid zu überprüfen, den Schmerzstatus zu ermitteln und ist so ein wichtiges Hilfsmittel zur Beurteilung des Pferdewohls.

Ergänzend zu der Schmerzskala hat Dr. Sue Dyson im Jahr 2022 24 Verhaltensweisen definiert, die auf Schmerzen und Lahmheiten beim gerittenen Pferd hinweisen. In ihrem „The ridden horse pain ethogram", also dem Verhaltenskatalog mit den schmerzbedingten Verhaltensweisen des gerittenen Pferdes, listet sie kennzeichnende Verhaltensweisen auf, die auf Schmerzen unter dem Reiter hindeuten.

Diese sind sehr vielfältig und in der Studie detailliert aufgeführt und beschrieben. Unter ihnen finden sich Abwehrbewegungen und Konfliktverhaltensweisen wie Schweifschlagen, bestimmte Kopfhaltungen, Steigen oder auch Maulbewegungen oder den Öffnungsgrad des Mauls. Für alle 24 Schmerzanzeiger hat sie genaue Kriterien definiert, die bei der Beurteilung des Schmerzgrades helfen können.

So belässt sie es beispielsweise nicht dabei nur das beschleunigte oder reduzierte Grundtempo als Auffälligkeit zu beschreiben, sondern definiert etwa eine verlangsamte Trabfrequenz bei einem Warmblutpferd von weniger als 35 Tritten pro 15 Sekunden als auffällig. Auch Bocken oder ein unvermittelter Richtungswechsel des Pferdes wird als Abweichung vom entspannten ausgeglichenen Verhalten unter dem Reiter gewertet.
Mithilfe ihres Ethogramms können etwaige Lahmheiten oder Taktunregelmäßigkeiten und Schmerzen beim Reiten frühzeitig aufgespürt und so Leid beim Reitpferd vermieden werden. Pferde sind nicht bewusst widersetzlich. Sie handeln aus ihren inneren Empfindungen heraus. So gesehen ist es sehr hilfreich ihre Verhaltensweisen auch als Hinweis auf eine pferdegerechte oder weniger pferdegerechte Art der Reitweise zu sehen.

PHYSIOLOGISCHE ASPEKTE, WOHLBEFINDEN UND LEID ZU KLASSIFIZIEREN

Es gibt viele unterschiedliche physiologische Aspekte, die als Kenngrößen für Wohlbefinden, Stress oder Unbehagen herangezogen werden können. In Kombination mit den bereits erwähnten vielfältigen ethologischen Merkmalen für Zufriedenheit oder Stress bilden sie die wissenschaftliche Grundlage zur Einschätzung der aktuellen Befindlichkeit eines Pferdes. Einige wichtige Beispiele für solche physiologischen Parameter sind die Bestimmung unterschiedlicher Stresshormone, die Messung der Herzfrequenz, die genaue Beobachtung und Dokumentation von Verdauung und Schweißbildung oder das moderne Verfahren der Augapfelthermografie.

Die Bestimmung und Bedeutung der Stresshormone

Das wichtigste Stresshormon in diesem Zusammenhang ist das Cortisol. Der Cortisolspiegel kann sowohl im Blut als auch durch nicht-invasive Verfahren wie im Kot, Urin, Schweiß oder Speichel bestimmt werden. Das hat den Vorteil, dass auf diese Weise bei der Probenentnahme kein oder kaum neuer Stress erzeugt wird, der das Ergebnis verfälschen würde. Bei der Messung des Cortisolspiegels muss man allerdings tages- und jahreszeitlich bedingte Schwankungen berücksichtigen (Aurich et al. 2015). Weiterhin ist es wichtig, die jeweilig korrekten Normwerte und Kenngrößen als Vergleich hinzuzuziehen, da Cortisol in den unterschiedlichen Körperflüssigkeiten teils erst verzögert nachgewiesen werden kann.

Im Blut und im Speichel lässt sich der erhöhte Cortisolspiegel akut messen, im Kot beispielsweise ergibt sich eher das Bild des Cortisolspiegels der letzten 24 Stunden. Die Interpretation eines erhöhten Cortisolspiegels muss laut Keeling und Jensen 2017 dabei immer mit Bedacht geschehen, da so viele Faktoren involviert sein können.

Eine hohe körperliche Aktivität, selbst durch Spiel oder eine körperliche Belastung durch Hitze kann einen deutlichen Anstieg verursachen. Daher wird die Cortisolmessung als diagnostisches Hilfsmittel immer in Kombination mit anderen Kenngrößen vorgenommen. Zudem stimmt die Faustregel, dass ein erhöhter Cortisolspiegel immer auf einen erhöhten Stresspegel und ein niedriger Wert immer auf ein zufriedenes Pferd hindeutet, so leider nicht. Akuter Stress lässt den Wert bei einem zuvor gesunden Pferd hochschnellen.

Ein depressives oder chronisch gestresstes Pferd jedoch weist einen ungewöhnlich niedrigen Cortisolspiegel auf, wie das Forscherteam rund um Fureix 2012 nachweisen konnten. Ein auffällig niedriger Cortisolspiegel in objektiv als stressig zu bezeichnenden Situationen kann ein Hinweis auf erlernte Hilflosigkeit, Depressionen oder schlicht einen passiven Stresstyp (siehe Seite 58) sein.

Die Studie von Pawluski et al. (2017) aus Österreich hat diesen Aspekt noch einmal bestätigt. Dort wurden bei chronischen Rückenschmerzpatienten, bei Blutarmut oder anhaltendem haltungsbedingtem Stress sowohl im Blut als auch im Kot deutlich zu niedrige Cortisolspiegel nachgewiesen. Die Rolle des Anstiegs oder des auffällig niedrigen Wertes des Cortisols hat sich in den vergangenen zwei Jahrzehnten über diverse Studien manifestiert.

So hat beispielsweise Wulf et al. (2017) den natürlichen Prozess der Geburt und den damit verbundenen Cortisolanstieg beobachtet und kam zu dem Schluss, dass der Cortisolspiegel in der ersten Stunde nach der Geburt am höchsten steigt, um dann erst nach etwa fünf Stunden wieder deutlich zu sinken. Ille et al. (2013) hat dagegen den Anstieg des Cortisols bei Springpferden im Parcour und bis zu einer Stunde nach dem Ritt dokumentiert, Schmidt et al. (2010) hat sich um den Cortisolspiegel während des Transportes von Pferden gekümmert und Yarnell et al. (2015) um den Vergleich einzelner Haltungssysteme in Hinblick auf ihr Stresspotenzial.

Die Herzfrequenzanalyse und ihre Vorteile in der Praxis

Die Herzfrequenz beschreibt die Anzahl der Herzschläge pro Zeitspanne. In Ruhe schlägt das Herz eines Großpferdes zwischen 28- und 40-mal pro Minute, das Herz eines Fohlens in den ersten Lebenswochen 70- bis 100-mal pro Minute. Auch das Herz von kleineren Ponyrassen schlägt schneller als das eines Großpferdes, ohne besondere Anstrengung kann ein Herzschlag von 50 Schlägen bei einem Shetty völlig normal sein. Man spricht bei diesen Werten oft auch vom Puls und Ruhepuls des Pferdes, obwohl genau genommen der Puls und damit auch die Pulsmessung physiologisch betrachtet etwas anderes ist.

Der Puls umfasst nicht nur die Anzahl der Herzschläge pro Zeiteinheit, sondern auch die Druckqualität und den Verlauf des Blutstoßes. Den Puls des Pferdes kann man am einfachsten selbst messen, indem die Gesichtsarterie „Arteria fascialis“ an der Unterseite der Ganaschen zwischen den beiden Unterkieferästen mit zwei Fingern ertastet und dort das stetige Pochen erfühlt wird. Man zählt den gefühlten Puls nun mit Blick auf die Uhr 15 Sekunden lang und multipliziert den Wert mit vier, um auf die Anzahl der Schläge pro Minute zu kommen.

Bei Anstrengung, Schmerzen oder Stress ist der Puls und der Herzschlag ein wichtiger physiologischer Marker, der dabei auf über 200 Schläge pro Minute steigen kann. So ist es für die Beurteilung des Wohlbefindens sehr wichtig, diesen Wert immer im Blick zu behalten. Für die wissenschaftliche Beurteilung oder auch eine datenbasierte Trainingsbegleitung gibt es heute die Möglichkeit, spezielle Bauchgurte mit Sensoren zu verwenden, die ihre Messdaten via Bluetooth vom Pferderumpf direkt auf das Smartphone des Tierarztes oder des Trainers senden. Der Gurt kann sowohl im Freilauf auf der Weide als auch unter dem Sattel verwendet werden und ermöglicht so eine kontinuierliche Aufzeichnung der Daten und damit eine Verlaufskontrolle des Pferdes.

Das ist einmal interessant, um bestimmte Krankheitsbilder besser zu verstehen. Aber auch für das Training, um das Pferd im bestmöglichen Herzfrequenzbereich zu trainieren, ohne es zu überfordern. Es wird auch genutzt, um Situationen in Hinblick auf ihr Stresspotenzial einzuschätzen und vor allem auch unterschwelligen Stress oder Schmerzen frühzeitig zu erkennen.

Biologisch gesehen ist das möglich, weil die Herzfrequenz vom autonomen, vegetativen Nervensystem gesteuert wird. Vereinfacht gesagt reguliert dieses Nervensystem unbewusst ständig sämtliche Vitalfunktionen. Es nimmt so Einfluss auf die beiden Nervensysteme von Sympathikus und Parasympathikus. Während der Parasympathikus als „Ruhenerv" gewissermaßen vor allem für die Ausgeglichenheit und innere Ruhe des Körpers zuständig ist, wirkt der Sympathikus als Antreiber aktivierend auf sämtliche Körperfunktionen und spielt eine große Rolle im Stressgeschehen des Körpers.

Die Steigerung der Herzfrequenz wiederum ist sympathisch gesteuert, Kennzeichen einer höheren Erregungslage oder einer körperlichen Belastung des Tieres. (Hopster et al. 2002, Loijens et al. 2002, Stewart et al. 2002) haben nachgewiesen, dass die Erhöhung der Herzfrequenz auch auf emotionale Belastung hindeuten kann. Daher werden diese Herzfrequenzmessungen häufig zur Überprüfung der aktuellen Befindlichkeit des Pferdes im Training, auf Veranstaltungen oder zur Gewinnung wissenschaftlicher Daten eingesetzt.

Von Vorteil dabei ist, dass dieser Prozess für das Pferd keine weitere körperliche Einschränkung bedeutet. Nachteil aber, dass sich der Puls buchstäblich im Bruchteil einer Sekunde verändern kann. Sensible Pferde können schon auf den Anblick eines potenziellen Stressors quasi auf Knopfdruck mit einem deutlich erhöhten Puls reagieren. Pferde, die mit Stress eher passiv umgehen, können auf diesem Wege in ihrer Erregungslage identifiziert werden. Man muss also auch immer der Verlauf, mit dem die Herzfrequenz sich wieder beruhigt, den Ausbildungsstand, die Rasse, das Alter des Pferdes und vieles mehr bei der Beurteilung und Interpretation der Messdaten mitberücksichtigen.

Mittels spezieller Herzfrequenzanalyseverfahren konnte zum Beispiel Reid et al. (2017) in einer bahnbrechenden Studie aus Neuseeland das Stresspotenzial unterschiedlicher Lebensbereiche und Empfindungen nachgewiesen werden. Dazu wurden an vier verschiedenen Pferdegruppen Testreihen durchgeführt und die Herzfrequenzvariabilität aufgezeichnet. Pferde, die mit einer Hautklammer im Nacken einem moderaten, geringen Schmerzreiz ausgesetzt waren, bewegten sich im Verlauf der Beobachtung weniger als die anderen Artgenossen. Pferden, denen ein Artgenosse entzogen wurde, kamen in eine moderate Aufregung und waren in der Beobachtung rastloser, liefen vermehrt umher oder wieherten nach dem Herdenmitglied. Bei einer Vergleichsgruppe wurde zum einen die Klammer als Schmerzreiz angelegt und auch ein Artgenosse entfernt. Diese Pferde zeigten ebenfalls das aktive Stressverhalten und vermehrte Rastlosigkeit. Die Forscher konnten durch die Herzfrequenzanalyse nachweisen, dass soziale Isolation einen wesentlich höheres Stresspotenzial für Pferde beinhaltet als moderate Schmerzen.

Über die Gewichtung der einzelnen Stresskomponenten wissen wir also immer noch sehr wenig und müssen uns daher auch auf eigene Beobachtungen verlassen, wenn wir das Wohlbefinden des eigenen Pferdes im Blick behalten wollen.

Die Augapfelthermografie als zukunftsweisende Methode

Die sogenannte Augapfelthermografie hat besonders in den letzten Jahren als Verfahren zur Bestimmung von Stress und Unwohlsein an Bedeutung gewonnen. Für eine solche Thermographie des Augapfels wird eine spezielle Infrarotkamera benötigt, welche die Umgebungstemperatur im Infrarotbereich misst und auf dem so gewonnenen Thermografiebild den Anstieg der gemessenen Temperatur als Farbumschlag wiedergibt.

Dai et al. (2015) haben nachgewiesen, dass insbesondere die Tränendrüse im inneren Augenwinkel des Pferdes auf Stress mit einem Temperaturanstieg im Infrarotbereich reagiert. Hall et al. (2010) haben einen solchen Anstieg der Temperatur des Augapfels auch im Training beim Longieren mit Ausbindern untersucht und sind ebenfalls zu dem Ergebnis gekommen, dass die Temperatur des Augapfels bei Stress signifikant ansteigt.

Da dieses vielversprechende Verfahren noch nicht in sehr vielen Studien belegt werden konnte und darüber hinaus durch die Notwendigkeit von standardisierten Rahmenbedingungen wie konstanter Umgebungstemperatur ohne direktes Sonnenlicht oder Wind noch nicht überall einsetzbar ist, hat die Methode noch keine umfangreiche Verwendung gefunden.

Weitere physiologische Aspekte in Bezug auf Stress beim Pferd

Die Atmung des Pferdes ist eine weitere, für die Beurteilung der Befindlichkeit wichtige Kenngröße. Unter körperlicher Belastung und Anstrengung, aber auch bei Stress kann sich die Atemfrequenz erheblich erhöhen, in Ausnahmefällen auch verringern.

Die normale durchschnittliche Atemfrequenz des Pferdes liegt bei etwa 8 bis 16 Atemzügen pro Minute, bei Anstrengung kann sie auf maximal 120 bis 150 Atemzüge pro Minute ansteigen.

Laut Briefer et al. (2015) zeigt sowohl die Atemfrequenz als auch die Bewegungsart und -dauer des Pferdes am besten, wann es Stress empfindet und wann nicht. Vor allem auch bei Lungenpatienten ist die genaue Beobachtung der Atmung essenziell, um schnellstmöglich eine Veränderung und damit eventuell beginnendes Leid feststellen zu können. Chronische COPD-Patienten beispielsweise husten nicht immer als erstes Symptom, sondern zeigen ihre verminderte Leistungsfähigkeit durch Kurzatmigkeit, also eine angestrengte, gepresste Atmung in erhöhter Atemfrequenz.

Auch die Verdauungstätigkeit des Pferdes kann ein wichtiger Indikator zur Erkennung von Stress beim Pferd sein. Gestresste oder erregte Pferde setzen wesentlich häufiger Kot ab als Pferde in Ruhe. Auch die Konsistenz des Kots kann sich durch Stress verändern, je mehr Aufregung, desto breiiger ist die Konsistenz. Wer sein Pferd gut kennt, erhält also schon an der Art des Kotabsatzes auch beim Training in der Halle oder beim Verladen auf den Anhänger Rückschlüsse auf den emotionalen Zustand des Tieres.

Wichtig ist, sich vor Augen zu führen, dass diese physiologischen Parameter unbewusst ablaufen. Sie sind also untrügliche Merkmale für das, was unsichtbar im Pferdekörper geschieht. Dr. Ellen Kienzle und Dr. Carolin Zehnder haben beispielsweise sozialen Stress in der Gruppe neben Fütterungsmängeln als einen Hauptrisikofaktor für chronisches Kotwasser identifiziert.

Auffälliges Schwitzen kann ein weiteres wichtiges Stressmerkmal sein. Natürlich schwitzen Pferde ebenso wie wir Menschen grundsätzlich bei größerer Hitze oder körperlicher Anstrengung, um den Körper zu kühlen. Treffen diese Faktoren allerdings in einer Situation nicht zu und das Pferd schwitzt dennoch auffällig stark oder bereits früh innerhalb einer Reiteinheit, so sollte man das Thema Stress immer mit im Blick behalten. Auch wenn das Pferd an ungewöhnlichen Körperteilen vermehrt schwitzt oder der Schweiß eine besondere Konsistenz oder einen speziellen Geruch hat, kann das stressbedingt geschehen. Vorsicht ist beispielsweise geboten, wenn Pferde atypisch schnell am Unterhals zu schwitzen beginnen, da dies auf Reitfehler und nicht korrekte Ausbildung hindeuten kann.

Gut gerittene Pferde schwitzen tendenziell zunächst dort, wo vermehrt Reibung entsteht, also unter dem Sattel und zwischen den

Hinterbeinen und erst bei größerer Anstrengung zunächst an Brust und dann erst am Hals. Auch hier gilt es, nicht die Augen vor dem Schwitzbild des eigenen Pferdes zu verschließen, sondern als Spiegel der eigenen Reiterei und des Ausbildungsstandes zu beachten.

Das Schwitzbild des Pferdes ist auch Bestandteil des 2014 von der FN herausgegebenen Beurteilungskataloges zum Thema „pferdegerechtes Reiten bei sportlichen Veranstaltungen". Dieser sehr wertvolle Katalog ist umfangreich und umfasst diverse Kriterien, die den Stresslevel des Pferdes betreffen. Allerdings muss angemerkt werden, dass der Inhalt dieses Beitrags der FN und die vielen Kriterien zur Überprüfung des Pferdewohls noch viel zu wenig Beachtung in der Öffentlichkeit finden und auf Turnieren in der Regel kaum zur Anwendung kommen.

Zusammenfassend lässt sich sagen, dass der Blick auf die Körperfunktionen des Pferdes enorm wichtig ist, um sein Wohlbefinden zu beurteilen. Ich persönlich empfinde es als Teil der Rechte des Pferdes, dass wir als Menschen darauf achten, was das Pferd uns auf diesem Wege stumm mitteilt. Die Fakten liegen oft als messbare Daten auf dem Tisch, wir Menschen sind nur zum Teil auf dem Auge blind und wollen nicht wahrhaben, dass eben doch so mancher fröhliche Ausritt oder die Urlaubstour in die Fremde, das Turnier oder der Umzug in eine andere Herde massiven Stress für das Pferd bedeutet.

WERDEN STRESSMERKMALE IM TURNIERSPORT NICHT ERNST GENOMMEN?

Obwohl es, wie bereits erwähnt, diverse Kriterienkataloge und Listen mit Merkmalen gibt, die auch bei gerittenen Pferden Aufschluss auf den Grad an Zufriedenheit, Stress oder gar Schmerzen geben, werden diese wissenschaftlichen Daten und Vorschläge leider noch viel zu selten in der Praxis angewandt. Eine Studie von Hamilton et al. beschäftigte sich beispielsweise mit dem Auftreten und der Häufigkeit von Konfliktverhaltensweisen im Dressursport, die auf ein beeinträchtigtes Wohlbefinden hindeuten. Sie kamen zu dem Schluss, dass in nahezu jeder untersuchten Prüfung, nämlich in 97,6 % der untersuchten Lektionen, solche Negativanzeiger zu beobachten waren und diese aber von den Punktrichtern nur in sehr seltenen Fällen überhaupt bemerkt, kritisiert wurden oder gar zu Punktabzug führten.

Im Gegenteil wurden sogar diverse eindeutig auch in den Richtlinien der FEI als „falsch" angemerkte Kopfpositionen an oder gar hinter der Senkrechten mit höheren Wertnoten bedacht als solche, die eine pferdegerechte Kopfposition zeigten. Weiterhin zeigte die Studie, dass auch Widerstand und Abwehrverhalten gegen das Gebiss, welches eigentlich laut den Richtlinien des Reglements vom Pferd ruhig akzeptiert werden sollte, von den Richtern nicht negativ bewertet wurde.

Auch das Schweifschlagen, ein weiteres eindeutiges allgemein anerkanntes Zeichen für Stress oder gar Schmerzen des Pferdes unter dem Reiter, werteten die Richter nicht als Zeichen von Disharmonie und führte somit nicht zum Punktabzug. Deutliche Anzeichen von Widersetzlichkeit wie buckeln oder sich der treibenden Hilfen entziehen wurden dagegen von den Richtern bemerkt und schlugen sich in niedrigeren Wertnoten nieder. Die Autoren kamen zu dem Schluss, dass die Richterfortbildung noch mehr auf subtile Anzeichen von Stress und Unbehagen hin ausgerichtet werden sollte.

Zu ähnlichen Ergebnissen kam das deutsch-schweizerische Forscherteam unter der Leitung von Dr. Kathrin Kienapfel-Henseleit vom Schweizer Kompetenzzentrum Agroscope bei der Untersuchung und Auswertung von Grand Prix- Pferden hinsichtlich ihrer Kopf-Hals-Positionen. Es wurden Starter eines Grand-Prix Spezials (CDIO5*) im Rahmen des CHIOs in Aachen 2018 und 2019 untersucht und die Kopf-Hals-Positionen sowohl während des Abreitens als auch in der

Prüfung analysiert. Sie kamen zu dem erschreckenden Ergebnis, dass auch weit hinter der Senkrechten gerittenen Pferde eine gute Bewertung erhalten haben.

Generell kommt die Vermutung auf, dass immer wieder Pferde und Reiter hoch bewertet werden, die weder im Sinne der klassischen Ausbildungsziele des Reglements „richtig" laufen, noch zufrieden und ohne Anzeichen von Unwohlsein, Stress oder Schmerzen.

Pferdefreundliches Reiten scheint sich zumindest im Turniersport nicht ausreichend zu lohnen. Ein Vorstoß in die richtige Richtung könnte eventuell die Aufnahme der klassischen deutschen Reitlehre in das bundesweite Verzeichnis des immateriellen Kulturerbes der UNESCO von Anfang 2023 sein. Aus dieser Warte heraus betrachtet könnte die Einhaltung der strengen klassischen Richtlinien für korrektes Reiten der Lektionen und auch die Harmonie zwischen Pferd und Reiter als oberstes Ziel des Pferdesports wahrgenommen werden.

Aus Respekt vor dem Lebewesen Pferd sollte sich das Reiten an seiner Gesunderhaltung und der Steigerung seiner Fitness orientieren und nicht am Verschleiß und auf schnellem Erfolg abzielenden Trainingsmethoden. Die Bewahrung dieses alten Wissens rund um Bewegungsablauf, Ausbildungsphasen und auch den damit verbundenen Werten könnte so wieder ihren Platz in der Pferdewelt zurückerobern. Damit eröffnet sich hoffentlich ein Weg zurück zur Grundlage und weg von den Irrwegen, weg von jener „neuen Reitlehre", die mit ihren Pseudolektionen und kaschierten reiterlichen Fähigkeiten auf dem Rücken der Gesundheit der Pferde ausgetragen wird.

KAPITEL 8

TIERSCHUTZ IM PFERDESPORT

Oftmals ist es aus Tierschutzsicht schwierig, Verstöße gegen das Tierschutzgesetz oder die Richtlinien der FN tatsächlich zu ahnden und Abmahnungen oder Verbote durchzusetzen. Zwar sind einige Grundsätze, wie bereits erwähnt, im Gesetzestext oder in den Richtlinien benannt, es fehlt aber an vielen Stellen an genauen Definitionen und damit an Handlungsspielraum für den Tierschutz.

Wann ist es tragbar, einem Pferd bei der Ausübung unseres Hobbys Schmerzen zuzufügen? Was wären vernünftige Gründe, um eine Entscheidung zur Euthanasie zu treffen? Ist jedes Pferdeleben gleich wertvoll und einfach, weil es sich schlicht um ein Lebewesen handelt? Oder zählt bei der Entscheidung, welcher Aufwand und welche Behandlungen tatsächlich durchgeführt werden können, am Ende eher die Wirtschaftlichkeit in Hinblick auf die angestrebte Nutzungsart?

In vielen Bereichen bleibt ein recht großer Interpretations- und Handlungsspielraum, da es auch unter Experten, je nachdem aus welchem Lager sie entstammen, eine große Bandbreite an Meinungen gibt. Auch die Frage nach der Einhaltung bereits existierender Richtlinien zum Schutz des Pferdes bleibt, wie wir bereits anhand des Katalogs zur Beurteilung von Stress der FN gesehen haben, offenbar ein hochkomplexes Thema. Ein Grund für die Nichteinhaltung des Tierschutzgedankens liegt auch in einer gravierenden Lücke im System.

Es gibt zu wenige spezialisierte Fachleute auf diesem Gebiet, die gezielt in Tierschutzfragen ausgebildet werden. Auch die Fortbildung der Tierärzte oder Richter in diesem Bereich ist lückenhaft. Es fehlt an Nachwuchskräften ebenso wie an Weiterbildung der vorhandenen Experten. Oft kommen Themen wie wissenschaftliche Verhaltensanalyse, Kenntnis der wichtigsten relevanten physiologischen Parameter oder die gesetzlichen Grundlagen in bestehenden Ausbildungsgängen nur rudimentär vor. Die Folge davon ist, dass es in der Praxis an Kapazitäten fehlt, um flächendeckend Stichproben durchzuführen und um schwarze Schafe unter Reitern, Trainern und Züchtern früh genug aus dem Verkehr ziehen zu können.

DER TIERSCHUTZGEDANKE IM FREIZEITSEKTOR UND SPORT

Dabei dürfen wir nicht vergessen, dass Pferdeschutz nicht nur im Spitzensport mehr Beachtung benötigt, sondern ebenso im Freizeitsektor. Wir brauchen eine differenzierte Betrachtungsweise, welche die unterschiedlichen pferdeschutzrelevanten Themenfelder aufgreift und behandelt. Einige Themen von der langen Liste an tierschutzrelevanten Missständen wie zum Beispiel eine nicht artgerechte Einzel- und Boxenhaltung, das Barren von Springpferden oder das stetige Reiten in Rollkurmanier findet man tendenziell eher im Turniersport. Andere Themen wie Übergewicht bei Ponys, unpassende Ausrüstungsgegenstände oder Unkenntnis über Gesundheitsfragen sind häufiger im Freizeitbereich anzutreffen. Es unterscheidet sich also die Verteilung der diversen Themenfelder, in ihrem Ausmaß sind sie jedoch in beiden Bereichen ähnlich groß.

Es gilt also, sowohl das Sportpferd vor direkten körperlichen Schäden oder einem übermäßigen Verschleiß durch eine höhere Belastung zu schützen, also auch ein Freizeitpferd durch punktuelle Überlastung entstehende Schäden durch Unkenntnis der Reitlehre zu schützen oder durch permanente körperliche Unterforderung. Beide Bereiche bauchen Reformen. Weder eine restriktive Boxenhaltung ist artgerecht noch eine unzureichende irgendwie zusammengewürfelte Offenstallhaltung, bei der aus Kostengründen auf die Erfüllung grundlegender Bedürfnisse verzichtet wird.

PFERDESCHICKSALE UND EINZELFÄLLE

In den Medien werden besonders brisante Einzelfälle, bestimmte Personen oder besonders schlimme Pferdeschicksale aufgegriffen und „ausgeschlachtet". Natürlich muss man Fälle von Tierquälerei oder Missbrauch sofort unterbinden und streng ahnden.

Der Szene insgesamt hilft jedoch die einhellige Empörung über jenes kleine Themenfeld kaum weiter. Eine negative Sensationspresse bindet aus meiner Sicht schlussendlich die Kräfte zur konstruktiven Kritik und zur Auseinandersetzung mit möglichen Handlungsoptionen. Skandale führen häufig dazu, dass eine Welle der Empörung entsteht und außer viel Entrüstung auf allen Seiten, typische Grabenkämpfe über Grundsatzdiskussionen entstehen, die nie zu Ende geführt werden.

Beim mäandernden Blick auf immer neue „außergewöhnliche" Missbrauchsthemen und spektakuläre Formen der Tierquälerei wird häufig das alltägliche Leid der Tiere hingenommen und letztlich in der breiten Masse nichts unternommen. So gibt es eben nicht nur die offensichtlichen „Täter“, also echte Tierquäler, die bewusst Leid bei Pferden verursachen, sondern ebenso Probleme durch die Masse an Gedankenlosigkeit oder Bequemlichkeit vieler Reiter.

Ein Blick in jegliche Reitsportkataloge zeigt, dass diverse Hilfszügelkonstruktionen, Sporen, Peitschen oder Gebissvarianten einen riesigen Markt bilden. Käufer sind oft Freizeitreiter. Auch die Vielzahl der abgestumpften oder gar depressiven Schulpferde, die zu eng ausgebunden ihre Runden in der Reithalle drehen und unzählige unruhige Reiterhände und klopfende Schenkel ertragen müssen, werden vergessen und von der Szene „übersehen“.

Es fließt immer noch genügend Geld aus Tierschutzsicht in nicht tragbare Betriebe. Es fehlt auch an Aufsicht auf den vielen Turnierplätzen, auf denen jedes Wochenende Pferde auf den Hänger geprügelt werden. Die Liste dieser alltäglichen Problemfelder im Pferdeschutz ist schier endlos: Wir finden sowohl in Bezug auf Haltung und Fütterung als auch in Bezug auf den Bereich der teils veralteten Trainingsmethoden oder die Verwendung fragwürdigen Equipments sehr vieles, was sich im Sinne des Pferdes verändern muss.

Wir müssen uns selbst infrage stellen und brauchen darüber hinaus eine neu zu schaffende Instanz, die eine große Expertise im Bereich des Tierwohls hat und denen Einflussmöglichkeiten geboten werden. Die aktuellen Profis im Pferdebereich können dies nicht flächendeckend leisten. Sie sind ihrerseits abhängig vom System und nicht rein dem Wohl der Pferde verpflichtet. Sie leben vom Geschäft rund ums Pferd und sind, egal ob es sich um Reitlehrer, Hufschmiede, Stallbetreiber, Turnierrichter oder Tierärzte handelt, auch vom Kostenfaktor geprägt und von den oft übersteigerten Ansprüchen der Besitzer und den aktuellen Trends oder Modeströmungen.

Die vorhandenen Instanzen können, wie wir in den letzten Jahrzehnten festgestellt haben, offenbar, wenn überhaupt, nur die Minimalanforderungen an Pferdewohl berücksichtigen, grobe Richtlinien befolgen, um so den extremen Auswüchsen des Pferdeleids Einhalt zu bieten. Wir brauchen in Zukunft die Einbeziehung weiterer Ebenen des Tierwohls: die psychische Ebene und den damit verbundenen deutlichen Fokus auf Wohlbefinden und Freude.

EMPATHIE UND VERANTWORTUNG

Um das Pferdewohl zu stärken und um das Recht der Pferde auf ein pferdegerechtes Leben zu wahren, brauchen wir Empathie. Erst wenn wir uns in die Situation des Pferdes in seinem Lebensumfeld einfühlen, können wir unser eigenes Tun infrage stellen und unsere ureigene Verantwortung und Mitschuld am Leid der Tiere in diesem Pferdewirtschaftszweig beleuchten.

Wir sind als Konsumenten für unser Verhalten verantwortlich. Wir prägen die Szene mit dem, was wir kaufen, durch die finanzielle Unterstützung fragwürdiger Anbieter oder mit unserem Verhalten auf den Social-Media-Kanälen, mit unseren Likes und dem Teilen von Inhalten.

Wir entscheiden, ob wir unsere Kardätsche bei einem Anbieter besorgen, der auch ein breites Spektrum an Hilfszügeln, scharfen Gebissen und abenteuerlichen Sporen im Angebot hat oder aber einer der wichtigsten Sponsoren und Drahtzieher der pferdeverachtenden Szene Sportindustrie ist. Wir sind es auch, die sich informieren sollten, welche fragwürdigen Sponsoren auch hinter so manchen Influencer oder Reitsportikonen stehen – da findet man von Waffenherstellern bis hin zu Fleischproduzenten mit Massentierhaltung so einiges. Wie so oft ist es nicht nur im Sinne der Pferde wichtig, achtsam zu sein.

Auf dieser Ebene ist Tierschutz auch Menschenschutz und damit ein politisches Statement. Wir sind es, die mit unseren Eintrittsgeldern das Geschäftsmodell des Veranstalters unterstützen und von diesem erwarten sollten, dass fragwürdige Methoden keine Bühne erhalten und stark gestresste Pferde nicht an der Tagesordnung sein dürfen. Wir sind es, die auch unsere Kinder schützen müssen, indem wir eben nicht den Reitverein um die Ecke wählen, nur weil er bequem erreichbar ist und Dumpingpreise anbietet, sondern unsere Wahl für eine Reitschule in Hinblick auf die bestmögliche artgerechte Haltung und einen pferdegerechten Umgang wählen.

Sicher kann sich fast niemand von uns sich ausnehmen, sich hin und wieder auf dem einen oder anderen Gebiet mitschuldig gemacht zu haben. Aber gestresst sind offenbar immer nur die Pferde der anderen, für die eigenen Fehler verschließen wir nur zu gerne die Augen. Wir zeigen bildlich gesprochen oft mit den Fingern auf die jeweils andere Fraktion, und da werden dann erbitterte Grabenkämpfe darüber geführt, wer schlimmer ist als der andere. Umso wichtiger aus meiner Sicht, schonungslos die Frage zu stellen, welchen Einfluss wir auf unser pferdegeprägtes Umfeld haben, welchen Anteil wir am Wohl unseres Pferdes haben, wo wir uns von aufwendig inszenierten Shows, tollen Kostümen oder großen Namen der Pferdeszene von den wahren Gefühlen der beteiligten Tiere ablenken lassen und uns darüber bewusst werden, wie viele Bereiche in Hinblick auf unser Pferd letztlich egoistischer Natur sind.

ANREIZE UND GEGENENTWÜRFE FÜR MEHR PFERDEWOHL

Wollen wir einen Schritt nach vorn gehen in Hinblick auf mehr Tierwohl im Pferdebereich, so ist es aus meiner Sicht unerlässlich, Gegenentwürfe zu liefern, Perspektiven aufzuzeigen und Anreize zu schaffen, um im Sinne der Pferde zu handeln. Es reicht nicht, offensichtlichen Missbrauch zu verbieten oder absolute Grundbedürfnisse des Pferdes in Haltung und Pflege zu stillen. Es muss das Gute in dem, was wir tun, gewürdigt werden.

Die bereits erarbeiteten Kriterien für Leid, Stress oder Schmerzen müssen immer weiter um ebensolche Kriterien für Wohlbefinden, Entspannung und Freude ergänzt werden. So können Positivmarker erarbeitet werden, die Hinweise auf Vitalität und Zufriedenheit geben und so rundum als Bewertungsgrundlagen eingesetzt werden können. Auf Basis der Negativ- und Positivmarker können so zu bildende Gremien das Augenmerk rein auf das Pferdewohl lenken. Sie können positive Beispiele in Haltung, Umgang und Ausbildung hervorheben und Bonuspunkte auf Turnieren für Positivmarker und empfindliche Abzüge für Negativmarker vergeben.

Erst wenn es sich mehr lohnt, ein glückliches, munteres und seriös ausgebildetes Pferd vorzustellen, werden wir nicht mehr so viele teilnahmslose Pferde, die mit hängendem Kopf und fehlendem Ohrenspiel in die Gegend starren oder angespannt und gestresst herumspringen sehen. Es tritt erst dann ein spürbarer Wandel ein, wenn es sich nicht mehr lohnt, ein Pferd möglichst schnell auf „Erfolg" zu trimmen. Es darf so gesehen weder Weltmeister noch Olympiasiegerinnen geben, die auf einem objektiv betrachtet unglücklichen Pferd sitzen. Wenn Fairness dem Pferd gegenüber wie bisher eher ein Nice-to-have-Charakter besitzt und sich in kleinen Zusatzpreisen und Anerkennungen widerspiegelt, aber nicht handfest in die Bewertung miteinfließt, dann wird der Wandel vermutlich sehr mühsam vorankommen.

Solange es immer noch toleriert wird, nicht pferdegerechte Haltungssysteme zu bauen, Pferde mit Stressgesicht landauf landab, ob im Kinderreitunterricht oder in der Dressurprüfung, als „normal" zu bezeichnen und erlernte Hilflosigkeit nicht nur geduldet, sondern in unserem System sogar honoriert wird, so lange wird sich der alltägliche Pferdemissbrauch weiter fortsetzen. Der Fortschritt muss sich durch alle Ebenen hindurchziehen. Wir wollen entspannte und am Reiter interessierte Pferde in Prüfungen sehen. Das fröhlichste Pferd sollte einen immensen Punktgewinn gegenüber dem gestressten haben. Stress oder gar Anzeichen für Schmerzen müssten durch Punktabzug oder gar durch Ausschluss geahndet werden.

Und zwar nicht erst, wenn das Pferd blutet oder der Reiter tatsächlich die Gerte massiv missbräuchlich einsetzt. Solange das von offizieller Seite immer noch geduldet wird, können wir vor allem durch unser Fernbleiben von Veranstaltungen oder Betrieben und durch unbequeme Fragen Druck auf die Verantwortlichen aufbauen.

Es sollte doch möglich sein, in S-Dressur-Prüfungen das Pferd taktklar im Viertakt im Schritt am hingegebenen Zügel zu reiten und nicht mit Passtendenz oder zackelnd hinter der Senkrechten. Das muss man schon in Jugendreiterwettbewerben ahnden. Eine Schlüsselqualifikation sollte es sein, das Pferd zufrieden vorzustellen. Der Schweif soll locker pendeln, die Ohren munter gespitzt werden.

Das stetige Loben muss auch innerhalb der Prüfung zur Normalität werden: Ein liebes Wort hier, ein Streicheln am Hals da, ein Leckerli für besondere Leistungen. Wir sind viel zu sehr auf das Korrigieren des Pferdes gepolt. Gerteneinsatz ist leider immer möglich, Futterlob zum Beispiel führt laut Reglement zum Ausschluss. Aus meiner Sicht werden so von Vornherein die falschen Prioritäten gesetzt.

Das Lob müsste die Basis sein, eine negative Korrektur sofort zu Punktabzug führen. Das geht nur wenn Schweifschlagen oder Zähneknirschen nicht nur bemängelt werden, sondern sich auch tatsächlich gravierend in einer niedrigen Punktzahl widerspiegeln, egal welche Grundqualität und welches Gangvermögen das Pferd theoretisch hätte oder wie elegant der Reiter auf dem Pferd sitzt.

Nur losgelassene Pferde dürfte man im Sport auszeichnen. Das wäre manchmal unspektakulär, denn exaltierte und damit potenziell verschleißende Bewegungen so unerwünscht. Keine Spanntritte von Schenkelgängern erlaubt, sondern locker über den Rücken gehende Pferde mit schwingenden Bewegungen akzeptabel. Wenn die harmonischste Vorstellung den Sieg erringen würde, dann würde die Reiterei eventuell auch in der Öffentlichkeit wieder positiver wahrgenommen. Ein Turniersport im Sinne der Pferde hätte dann eine wirkliche Orientierung an positiven Vorbildern, denn wenn man ehrlich ist, würde sich auch das Niveau der Teilnehmer verschieben.

Es würde wieder klarer werden, dass nur sehr wenige Ausnahmereiterinnen und Reiter das Zeug dazu haben, wirklich pferdefreundlich auf höchstem Niveau zu reiten. Die solide Basis erhielte wieder ihren ursprünglich angedachten hohen Wert. Es würde mehr wert sein, ein Pferd sauber und entspannt durch eine A-Dressur zu reiten als verspannte Piaff-Passage-Touren zu präsentieren, die den Namen Dressurprüfung eigentlich gar nicht verdienen. Lockere Gymnastiksprünge würden so manches Mal höher bewertet werden als die verschleißenden schwierigen Parcours, die kaum zufrieden bewältigt werden können. Die Reiterei würde sich neu erfinden und im positiven Sinne zur Klassik zurückfinden.

MEINE VISION: ERFOLG NEU DEFINIERT

Bisher erscheint es so, dass der Fokus auf die krassen Auswüchse zwar dazu dient, dass extreme Tierquälerei oder Vernachlässigung geahndet wird, aber ansonsten sich der Blick auf die Einhaltung der Richtlinien und das Tierschutzgesetzt vor allem auf den kleinsten gemeinsamen Nenner konzentriert. Es werden für alles Mögliche Mindestanforderungen definiert, die zwar das untere Ende der Möglichkeiten begrenzen, aber eben nicht wirklich zu einer Anhebung des Gesamtniveaus des Pferdewohls in Hinblick auf Lebensfreude und Wohlbefinden führen. Die oft so fruchtlose Diskussion rein um die Auswüchse des Pferdesports bringt uns zudem oft nicht näher an den Kern der persönlichen Rechte des Individuum Pferd. Es reicht nicht, dass Pferde keinen Hunger leiden dürfen, in ungeeigneten Boxen dahinvegetieren oder körperliche Schäden durch die Nutzung für unser Hobby davontragen.

Es geht vielmehr darum, der Tatsache Rechnung zu tragen, dass Pferde ein Recht auf ein erfülltes Leben haben, auch ohne einen direkten Nutzen für den Menschen zu erfüllen. Sie sind Persönlichkeiten, die sich nur entfalten und erblühen können, wenn wir aufhören, sie rein nutzungsorientiert zu betrachten und beginnen, ihre Potenziale wirklich zu fördern, ihre Lebensfreude zu steigern und ihre Individualität wahrzunehmen.

Dazu müssen wir sie als Individuen achten und ihnen gewisse unveräußerliche Rechte zugestehen. Formal gesehen ist es sicherlich ein Schritt in die richtige Richtung, wenn über neue Möglichkeiten der Gruppenhaltung nachgedacht und die immer noch weitverbreitete Boxenhaltung damit immer mehr infrage gestellt wird. Nun ist es jedoch an der Zeit, auch die Bedürfnisse jedes einzelnen Tieres in den Fokus zu stellen. Ein bestimmtes Haltungskonzept etwa ist nicht für jedes Pferd in jedem Lebensabschnitt gleich gut.

Es gibt immer einzelne Pferde, die in einer Haltungsform nicht glücklich sind, auch wenn die anderen Herdenmitglieder sich offensichtlich damit zufrieden geben. Vielleicht, weil es ein anderes Schlafbedürfnis und somit andere Ansprüche an einen Schlafplatz stellt als die übrigen Gruppenmitglieder. Oder weil es viele Jahre in einer restriktiven Haltungsform hinter sich hat und sich in der Folge schwertut, sich in die bestehende Gruppe zu integrieren.

Bezogen auf das Reiten wird es auch immer Pferde geben, die zu sensibel sind, um einen ständigen Wechsel der Reiter zu verkraften, die also besser aufgehoben sind mit nur einer Bezugsperson. Ebenso gibt es Pferde, die mit Ausritten in unserer heutigen technisierten Welt generell überfordert sind und nur schwer an die Vielfalt möglicher Außenreize zu gewöhnen sind. Wir tun nämlich unseren Pferden auch keinen Gefallen, wenn wir ihnen vermeintlich positive Aktivitäten oder Haltungsformen angedeihen lassen wollen, die ihren persönlichen Bedürfnissen widersprechen.

Wir brauchen neben unserem eigenen verstärkten Engagement neue Forschungsarbeiten, welche die Persönlichkeitsmerkmale von Pferden genauer untersuchen und Unterschiede von Individuen, Geschlechtern oder Rassen näher beleuchten. Nur so wird es zu einer langfristigen Differenzierung kommen und aus Richtlinien zur Vermeidung von Schäden können neue Ansätze für Entwicklungspotenziale einzelner Pferdepersönlichkeiten werden. Daraus kann sich eine neue Definition für „Erfolg" im Zusammenleben mit Pferden entwickeln. Wirklich „erfolgreich" ist in meinen Augen jemand, der es schafft, das ureigene Wesen seines Pferdes zum Strahlen zu bringen und dem es gelingt, das Beste aus allen zur Verfügung stehenden Möglichkeiten zu machen und nicht versucht, sein Tier in ein vorgegebenes Schema zu pressen. Erfolg braucht eine neue Definition: Weg von den Vergleichen mit anderen Reitern und der Orientierung an vermeintlich „Besseren" und damit auch weg vom allgegenwärtigen „Höher, Schneller, Weiter", hin zu mehr Zufriedenheit und einem achtsamen Umgang. Pferde sind unsere Mitgeschöpfe und sie bedürfen unseres Schutzes und verdienen unseren Respekt vor ihren Wünschen an das Leben.

KAPITEL 9
SELBSTREFLEKTION

BEI SICH SELBST BEGINNEN – GAR NICHT SO EINFACH

Die offensichtlichsten Problemfelder bei anderen zu erkennen und zu benennen ist das eine, bei sich selbst sieht die Sache oft schon ganz anders aus. Wir alle haben blinde Flecke, Bereiche in unserem Leben, die wir nicht so gern anschauen wollen. Entweder aus Angst vor dem, was wir da sehen könnten oder weil der Blick sich vermehrt auf andere Aspekte richtet und so manches unter unserem persönlichen Radar verborgen bleibt. Daher ist zum einen konstruktives, wohlwollendes Feedback von außen so wertvoll und immer wieder der Vorsatz, sich ein bestimmtes Thema rund ums Pferd herauszugreifen, um eine ehrliche Bestandsaufnahme zu machen.

So kann man eruieren, wo man selbst mit dem Pferd steht und welche Punkte im Sinne des Pferdes bereits gut erfüllt sind und wo eventuell Nachholbedarf besteht, auf den man sich dann im Folgenden konzentrieren kann und das ist auch deswegen sinnvoll, weil es meist nicht möglich ist, an sehr vielen Fronten gleichzeitig zu arbeiten. Besser ist es, sich einen Themenblock vorzunehmen und dort einige Wochen im Schwerpunkt dran zu arbeiten.

Ein Beispiel, bei dem viele von uns – und ich möchte mich persönlich da mit einbeziehen – oft eine rosarote Brille tragen, ist der Aspekt „Pferdegewicht". Viele Freizeitpferde, vor allem Vertreter der diversen beliebten Pony- und Kleinpferderassen, aber auch Kaltblüter oder Iberer, sind viel zu dick. Da die Gewichtszunahme schleichend geschieht, erkennt man selbst die Dringlichkeit des Problems viel zu spät. Aus der eigenen Erfahrung heraus kann ich zu diesem Thema auf jeden Fall dazu raten, sich bei jeder sich bietenden Gelegenheit Feedback von außen zu holen. Tierärzte sind da oft gute Ansprechpartner, aber auch Kenner und Liebhaber des eigenen Pferdetyps.

Daneben ergibt es Sinn, das eigene Pferd regelmäßig zu wiegen, um eine Negativtendenz rechtzeitig zu bemerken und entgegenwirken zu können. Sehr hilfreich ist auch das Gespräch mit einem Fütterungsexperten. Diese können nicht nur den Ist-Zustand unabhängig von außen beurteilen, sondern gemeinsam an einem gezielten Fütterungs- oder Diätplan und dem dazugehörigen Bewegungskonzept arbeiten.

Ein weiterer blinder Fleck betrifft das eigene Training. Niemand möchte sein Pferd kaputtreiten, umso wichtiger ist es, sich klarzumachen, dass genau das im Training gar nicht selten aus Unwissenheit, Gruppendruck im Reitstall oder Überforderung geschieht. Jeder weiß, dass wenn man auf die Situation des eigenen menschlichen Körpers schaut, nicht mithalten kann, wenn eine professionelle Balletttänzerin sich auf der Spitze des einen Fußes im Spagat grazil lächelnd in einer Pirouette dreht. Bei der Gymnastik am Boden in den Spagat heruntergedrückt, würden wir Schaden nehmen. Ist der Körper nicht über Jahre systematisch vorbereitet und aufgebaut, werden Strukturen geschädigt und man tut sich mit dem Sport keinen Gefallen. Dehnfähigkeit, Belastungsfähigkeit, Kraft und Ausdauer müssen langsam trainiert werden. Wir können nicht aus dem Stand versuchen, einen Salto zu machen, wir würden vermutlich direkt stürzen oder aber eine Überlastung der Strukturen in Kauf nehmen, auch wenn es uns zufällig auf Anhieb gelänge.

Genau dieses Szenario erleben Pferde häufig. Sie werden mehr oder weniger sanft zu etwas gezwungen, was sie (noch) nicht leisten oder jeweils in der Intensität und Häufigkeit noch nicht leisten können. Natürlich kann man ein Pferd mit Druck dazu bewegen, über immer höhere Hürden zu springen oder mit geschicktem Touchieren zu einer Pseudo-Piaffe, einem Hüpfen auf der Stelle zu bewegen. Grundsätzlich ist ihr Körper zu so etwas imstande. Er wird jedoch Schaden nehmen, wenn Gelenke, Sehnen, Bänder und Muskeln nicht auf diese Belastungsform vorbereitet sind.

Falsches Training führt zu Fehlbelastungen, das Pferd beginnt kompensatorisch Muskeln zu verwenden, die für die eigentliche, korrekt ausgeführte Übung nicht beteiligt werden. Diese Strukturen werden überlastet, und Schäden können leicht entstehen. Besonders, wenn aus Unkenntnis diese falschen Haltungen nicht nur einmalig und kurzfristig vorkommen, sondern im täglichen Training regelmäßig wiederholt werden, baut sich eine komplett falsche Muskulatur beim Pferd auf.

Deswegen sehen wir so oft Pferde, die eben keinen tragfähigen Reitpferderücken haben, eventuell am Unterhals kräftigere Muskeln haben als im oberen Halsbereich oder keine ausreichende Hinterhandmuskulatur aufweisen. Ebenso häufig sehen wir belastungsbedingte Fesselträgerschäden, Hufrollenprobleme oder Schwierigkeiten im Lendenwirbelbereich.

Jede Fehlhaltung, jede noch so unscheinbare Lahmheit, jedes schmerzbedingte Zurückweichen bei Berührung ist ein Hinweis darauf, dass Gelenke und Muskeln zu stark belastet sind und dadurch verschleißen. Auch die Balance des Pferdekörpers ist wichtig, da sich sonst eine einseitige Überbelastung einstellt. Pferde sind nicht so stabil wie sie auf den ersten Blick erscheinen. Der Pferdekörper wurde von der Natur nicht als Tragtier geschaffen.

Wollen wir tatsächlich reiten, so muss das Pferd lernen, wie es mit unserem zusätzlichen Gewicht umgehen soll. Und das kann es nur Schritt für Schritt erfahren und so im Training kontinuierlich an Muskelmasse zulegen, Bänder und Gelenke stärken und an Kondition gewinnen. Dazu ist es wichtig, sich immer wieder vor Augen zu führen, was den Verschleiß fördert und was ihn minimiert. Pauschal kann man sagen, dass hohes Tempo, die Bewegung auf der Kreisbahn und Springen ein Mehr an Belastung bedeutet, auf die das Pferd erst vorbereitet werden muss.

Wie viel es wann leisten kann, hängt dabei auch vom Größen- und Gewichtsverhältnis zum Reiter, vom Pferdealter, dem Ausbildungsstand und vor allem dem Exterieur und etwaigen Fehlstellungen ab. Es ist also wichtig, sich immer wieder selbst infrage zu stellen, um zu entscheiden, wo man im Training eigentlich steht. Natürlich schmeichelt es dem Ego nicht, sich einzugestehen, dass man auf E-Niveau reitet. In den heutigen Social-Media-geprägten Zeiten wollen zu viele Menschen etwas darstellen, was seriös erarbeitet jahrelange Feinarbeit und tägliches detailverliebtes Training bedeutet. Ein schräg ausgeführter Seitengang ist eben nicht gymnastizierend, sondern potenziell verschleißend, ein nicht vorbereitetes Pferd auf einem längeren Ausritt überfordert.

Nicht umsonst ist das Prüfungsniveau der einzelnen Leistungsklassen bei Turnieren aufeinander aufbauend. Im Einsteigerbereich finden wir keine Lektionen der Hohen Schule, auch keinen Spanischen Schritt oder ein Kompliment. Vielleicht ist die Bezeichnung A-Dressur mit dem Buchstaben A für Anfänger auch etwas missverständlich gewählt. Man fühlt sich ja gar nicht als Anfänger, wenn man seit 25 Jahren reitet. Aber die Anforderungen in diesem Bereich können pferdeschonend eben bereits nicht von jedem Reiter umgesetzt werden, sondern bedürfen zielgerichteter Übung. Ein Blick auf die Ausbildungsskala der FN genügt, um sich einzugestehen, dass man, wenn man noch Schwierigkeiten mit dem Finden von Takt und Losgelassenheit hat, gar keine versammelnden Lektionen in schneller Abfolge braucht.

Die Lektion Schulterherein

Nimmt man das so schön blumig bezeichnete „Aspirin der Reitkunst" Schulterherein als Beispiel, so wird vielleicht deutlich, was damit gemeint ist. Schulterherein entfaltet seine gymnastizierende und versammelnde Wirkung nur über die korrekte Ausführung und stellt eine lösende Lektion für das Pferd und nicht ein effektheischendes „Irgendwie-seitwärts", überstellt und übereilt an der Bande entlang dar. Erstmals ausführlich beschrieben wird es beim französischen Reitmeister Guérinière in seinem 1733 erschienen Buch: „Ecole de Cavalerie". Er schreibt dazu: *„Erstens entbindet das Schulterherein die Schultern, weil das Pferd bei jedem Schritt, den es in dieser Stellung macht, mit dem inneren Vorderbein vorwärts über das äußere schränkt, und den inneren Fuß über und auf die Linie des äußeren Fußes setzt. Es ist leicht zu begreifen, dass durch diese Bewegung, welche die Schulter in dieser Stellung zu machen genötigt ist, alle Triebfedern dieses Teils in Tätigkeit gesetzt werden. Das Schultereinwärts bereitet das Pferd vor, sich auf die Hanken zu setzen, denn bei jedem Schritt, den es in dieser Stellung tut, bringt es den inneren Hinterschenkel unter den Leib, und setzt ihn über den äußeren, welches es, ohne die Hanken zu setzen nicht verrichten kann."*

Gustav Steinbrecht, einer der Gründerväter der klassisch-deutschen Pferdeausbildung, schreibt in seinem Grundlagenwerk der Reitkunst „Gymnasium des Pferdes" dazu Folgendes: *„Es ist daher sehr fehlerhaft, wenn Reiter im Anfang der Schulterherein-Arbeit ihre Pferde mit dem* *inneren Sporn gewaltsam seitwärts treiben, weil sie glauben, Weichen auf den Sporn und Übertreten seien Zweck der Übung ... Richtiges Schulterherein als Grundpfeil der Dressur macht allerdings die Schultern und mit ihnen die gesamten Glieder des Pferdes frei, nicht aber durch die Seitwärtsbewegung, sondern durch Biegung und Versammlung, die hierbei bedingt sind.*"

Wir sehen schon an diesen historischen Textauszügen, wie vielschichtig und komplex diese Lektion ist und jeder einzelne Aspekt langsam und kleinschrittig erarbeitet werden muss. Es hilft dem Pferd nicht, wenn es sich im Genick verwirft oder einfach nur der Kopf in die Bahnmitte gezogen und die Schulter gar nicht im Sinne der Lektion frei wird.

Natürlich ist jede Lektion nicht auf Anhieb perfekt, aber es gilt immer der Grundsatz, dass Haltung vor Lektion geht und Qualität der Ausführung vor Quantität. Es ist oft sinnvoller, korrekte Übergange zwischen den Gangarten, gute, kreisrunde Zirkel oder Volten in korrekter Stellung und Biegung zu üben und sanfte halbe Paraden zur Differenzierung innerhalb einer Gangart zu trainieren, als sich in einer Lektion zu verkrampfen, in der Hoffnung sie würde irgendwann von allein besser werden.

Im Sinne des Pferdes geht es in kleinen Schritten voran, manchmal arbeitet man nur an einem einzigen winzigen Detail, einem Mü mehr Abstellung, einem klaren durchgesprungenen Galopp oder einer Sekunde mehr Versammlung im Trab. Das Pferd soll von uns behutsam durch die Skala der Ausbildung geleitet werden und nicht gestresst hindurchstolpern. Immer wenn es holprig wird, sich das Pferd anspannt oder gar widersetzt, sind wir auf dem Holzweg.

Pferdeschonendes Reiten

Gute Pferdeausbildung ist geprägt von Leichtigkeit, Zwanglosigkeit und Konstanz. Dazu braucht es einen geübten Blick auf das Pferd, seinen tatsächlichen Ausbildungsstand, das faktische Können des Reiters und ebenso der jeweiligen Schwächen, um zu entscheiden, wie lange man in welcher Arbeit verharrt. Man wird einen Isländer als Gangpferd anders trainieren als ein Quarter Horse als typisches Westenpferd oder einen Vollblutaraber als Distanzpferd. Auch bei den grundsätzlich für die Dressur gezüchteten Deutschen Warmblutpferden wird man etwas anders vorgehen als bei so manchem Iberer. Je nach Pferdetyp braucht es andere Ausbildungswege. Manchmal arbeitet man lange an Balanceverschiebungen im Stand, manchmal kann man die Hilfen besser in der Bewegung erklären.

Ein wichtiger Hinweis auf pferdeschonendes Training ist dabei, dass sich die richtige Reitpferdemuskulatur nach und nach auf- und nicht abbaut. Das Pferd wird bildlich gesprochen schöner, ausdrucksstärker und kräftiger. Es erscheint ausbalancierter, erhabener und eleganter. Manchmal bedeutet das für uns auch, zwei oder gar mehr Schritte in der Ausbildung zurückzugehen. Nochmal genauer hinschauen, neu ansetzen, die Teilstücke herausgreifen und die Hilfen verfeinern. Es gilt, sich mehr einzufühlen und den Pferdekörper in seiner Bewegung als Ganzes zu verstehen. Bewusste Basisarbeit bringt einen dabei meist wesentlich schneller voran, als angespanntes Abspulen von Lektionen, ohne den Sinn hinter der jeweiligen Übung zu erfassen.

Die Sache mit den ungünstigen Momentaufnahmen

Ganz klar stellt jede Pferdeausbildung einen Prozess dar. Man wird von keinem einzigen Reiter, nicht von einem Reitschulkind, aber auch nicht von einer Olympiasiegerin oder einem der klassischen Reitmeister, in jedem einzelnen Augenblick seiner Reiterei pure Perfektion erleben. Pferdeschonendes Reiten ist das Streben nach Momenten der Perfektion, und das sind wohlgemerkt manchmal nur Sekunden. Die restliche Reitzeit kann demzufolge nicht in allen Aspekten als perfekt bezeichnet werden.

Jeder sitzt nicht in jeder Sekunde ideal im Lot, trägt die Hände selbst oder hat seine Schenkel unter Kontrolle. Einknicken der Hüfte, Schultern nach vorn fallen lassen oder eine treibende Hilfe im ungünstigen Moment kommen vor, es ist menschlich, Fehler zu machen. Sensible Pferde können selbst kleinste Fehler aus der Balance bringen, gröbere Schnitzer Unbehagen oder gar Schmerzen für das Pferd bedeuten. Daher ist es aus meiner Sicht eine Lebensaufgabe für jeden, der reiten möchte, immer weiter zu lernen und so die bestmögliche Version von sich selbst als Reiter zu werden. Man kommt nicht als Profireiter auf die Welt, aber im Rahmen der eigenen Möglichkeiten gilt es, an sich zu arbeiten, um unschöne Momente so selten wie irgendmöglich zu erleben.

Im Sinne der gesamten Reiterei ist es wichtig, sich Gedanken darüber zu machen, wie viele ungünstige Momente tragbar sind. Darf man sein Hobby Pferd ausüben, auch wenn man kaum einmal die Grundlagen beherrscht? Kann man verantworten, dass Pferde in der Öffentlichkeit auf Shows oder Turnieren permanent hinter der Senkrechten laufen oder gar den Kopf rollkurmäßig an die Brust gezogen bekommen? Ist ein Klappern auf dem Gebiss oder ein Herausstrecken der Zunge nicht möglicherweise doch ein Hinweis auf Stress?

Wollen wir ausgelöscht wirkende Pferde mit einem Ausdruck der Resignation sehen? Auch menschliche Sportler sehen nicht immer glücklich aus, wenn sie einen Marathon laufen oder 150 kg beim Gewichtheben stemmen. Ein wichtiger Unterschied zur Situation unseres Pferdes ist aber, dass das Pferd sich seine Rolle als Sportler nicht ausgesucht hat. Es hat nicht die Möglichkeit, frei zu entscheiden, ob es eine Leistung erbringen kann und will, sondern es ist uns Menschen in unseren Entscheidungen ausgeliefert.

Ich finde es wichtig, zwischen kurzfristigen Anzeichen für eine Belastung oder Anstrengung und eben dem insgesamt gezeigten Ausdruck des Pferdes zu differenzieren. Sicher passiert es immer mal, dass eine Hilfe im falschen Moment kommt und das Pferd deswegen kurz die Nüstern kräuselt oder den Kopf etwas hochnimmt. Es sollte sich aber auch wieder entspannen und locker unter dem Reiter weiterlaufen.

Es liegt an uns, Stress- und Schmerzsymptome ernst zu nehmen und die eigene Reiterei zu überprüfen, um gemeinsam mit dem Pferd zu einem Team zusammenzuwachsen. Wir brauchen den Blick dafür, ob das Pferd seiner Aufgabe als Reitpferd wirklich gewachsen ist.

PLÄDOYER

MEIN PLÄDOYER FÜR MEHR TIERWOHL

Das Pferd hat das Recht auf ein Pferdeleben. Es schuldet uns nichts und ist nicht auf dieser Welt, um uns einen Gefallen zu tun, unsere Bedürfnisse zu befriedigen oder uns auf seinem Rücken zu tragen. Wir sind es, die sein Wohl beeinflussen – zum Positiven wie zum Negativen. Deshalb geht es in meinem Plädoyer für mehr Pferdewohl wirklich, um diesen Kernpunkt meiner Aussagen: Das Pferd benötigt unseren Schutz.

So traurig das ist, dass wir auch im 21. Jahrhundert noch darüber diskutieren zu müssen, wann und wie es gerechtfertigt sein kann, ein Tier im Sport auszubeuten, nicht artgerechte Haltungsformen toleriert oder ob dieses oder jenes Equipment generell verboten werden müsste. Es zeigt einmal mehr, dass noch viel zu tun ist.

Bei der Recherche für dieses Buch habe ich mich auch mit den Aussagen der Tierrechtsbewegung beschäftigt, die eine Tierhaltung in menschlicher Obhut generell ablehnt. Ändert sich die Pferdeszene nicht freiwillig und aus sich selbst heraus, so wird aus meiner Sicht der Unmut der nichtreitenden Öffentlichkeit nach Haltungsverboten immer lauter werden. Es geht nicht nur um das Reiten, nicht nur um den Turniersport oder um einzelne Teilfragen der Ausbildung, sondern darum, wie wir heutzutage unsere Rolle gegenüber unseren Mitgeschöpfen insgesamt sehen. Wir als Gesellschaft wollen uns weiterentwickeln und nicht in einzelnen Bereichen gedanklich im Mittelalter stecken bleiben. Es kann und darf nicht sein, dass sich die Ewiggestrigen im Pferdebereich wieder und wieder durchsetzen und geschickte Lobbyarbeit mit großem Kapital im Hintergrund darüber entscheidet, dass es immer noch viel zu vielen Pferden eben nicht gut geht. Wir als Gesellschaft wollen Veränderung im Sinne einer ethisch vertretbaren Herangehensweise auf der Basis validierter wissenschaftlicher Erkenntnisse.

TIERWOHL – EIN GESELLSCHAFTLICHER ZUGEWINN

Tierleid ist immer auch ein Spiegel der Missstände in einer Gesellschaft. Ein größeres Augenmerk auf das Tierwohl hat auch für den Menschen viele Vorteile, da es verdeutlicht, was uns mit dem Tier verbindet. Wir alle sind Teil des Ganzen, Teil der Natur und haben bestimmte Bedürfnisse und Merkmale, die uns zu dem machen, was wir sind. Erst wenn diese gewürdigt werden, kann etwas Neues entstehen. Denn das wäre meine Vision: Was könnte alles Großartiges entstehen, wenn wir wirklich die Stärke der Pferde als wertvolles Gut sehen? Nicht nur ihren Körper und ihre Kraft uns als Reittier zur Verfügung zu stellen, sondern was könnte entstehen, wenn wir eine wirkliche Verbindung mit ihnen hätten? Wenn sie nicht aus Angst gefügig gemacht werden oder als Befehlsempfänger dem Druck weichen, sondern wenn wir ihr volles Potenzial endlich sehen und fördern. Sie sind es, die ultrafeine Antennen haben, was Stimmungen und Emotionen angeht. Wir könnten lernen, uns selbst zu erkennen und unsere Empfindungen besser zu regulieren. Sie sind es, die uns zeigen können, wie Kooperation und Verbindung funktioniert.

Wir könnten lernen, als Gemeinschaft besser zu funktionieren, wenn wir sie beobachten und von ihnen lernen. Sie sind es, die intuitiv Emotionen in Bewegungen übertragen können. Auf ihrem Rücken oder neben ihnen im freien Bewegungsdialog könnten wir lernen, uns selbst darzustellen. Das geht allerdings nur, wenn wir sie so sein lassen wie sie sind als geborene Tänzer.

Vielleicht wären wir Menschen das alles auch, wenn man es zulassen würde. Wir sind wie das Pferd dazu geschaffen, Beziehungen zu entwickeln, uns auszutauschen, andere wertzuschätzen und uns im besten Wortsinne zu bewegen, um uns zu entfalten. Vielfalt, Einzigartigkeit und Kreativität entstehen erst dort, wo Raum für das Selbst ist. Wo Freiraum für eigene Ideen entsteht und jeder als wichtiger Part des Ganzen begriffen wird. Es liegt so viel Potenzial in dem Thema Pferdewohl, dass der materielle Wert hier gar nicht zu beziffern ist.

ERGÄNZUNG UND ÜBERARBEITUNG DES BESTEHENDEN

Dazu müssen die bestehenden Richtlinien und gesetzlichen Grundlagen weiter überarbeitet, genauer definiert und verschärft werden. Es bestehen zu viele Grauzonen, die einen zu großen Spielraum für profitorientierten Pferdemissbrauch bieten. Um solche klaren, eindeutige Definitionen für Methoden, Ausbildungspraktiken oder Haltungssysteme zu entwerfen, braucht es mehr Gremien und Fachbeiräte. Solche sind von der Idee her in verschiedenen Verbänden bereits in den Ethikräten vorgesehen. Aus meiner Sicht müssen diese allerdings unabhängig von den Verbänden und von wirtschaftlichen Interessen rein das Tierwohl vertreten.

Dazu könnten alle Interessengruppen gemeinsam einen Gesamtethikrat und Tierschutzbeauftragte erschaffen und diese auch finanziell unterstützen. Da die Problemfelder so vielfältig sind und die Akzeptanz des Pferdesports als solches auf dem Spiel steht, braucht es einen großen Kraftakt, um sofort ins Handeln zu kommen. Es wird neben der genaueren Erarbeitung der geltenden Richtlinien auch ein genauer Plan zu erarbeiten sein, wie zum einen kompromisslos mit Verstößen gegen das Pferdewohl umgegangen als auch zum anderen ein Anreiz für besonders positiven Einsatz im Sinne der Pferde geschaffen werden soll.

Strafen für tierschutzwidriges Verhalten jeglicher Art muss empfindliche Geldstrafen, aber vor allem auch deutlich mehr Ausschluss aus Verbänden oder ein Verbot der Tierhaltung zur Folge haben. Gerade Wiederholungstätern dürften keine öffentliche Plattform in der Pferdeszene geboten werden. Der Tenor muss lauten: Das Pferdewohl steht im Mittelpunkt. Wer das nicht akzeptiert, wird die Konsequenzen tragen müssen. Um diese Konsequenzen auch flächendeckend durchsetzen zu können, brauchen wir mehr Kontrollen und dafür ausgebildetes Fachpersonal. Diese Personengruppe benötigt dazu dann eine Handlungsgewalt, die sie wiederum nur bekommt, wenn sie unabhängig vom Veranstalter oder Dienstleister handeln kann. Wir brauchen wirkliche „Anwälte für das Pferdewohl".

Die Positivbewertungen müssen mehr Gewichtung bekommen. Eine Idee wäre zum Beispiel bei einem Bewertungssystem für Stallanlagen oder Wettbewerbsordnungen mit null Punkten zu beginnen und dass es für jedes Erfüllen eines definierten Aspekts der Positivliste einen Pluspunkt und Abzüge für klar umrissene Gesichtspunkte auf der Negativliste wiederum Abzüge gibt. So würde sich die Orientierung am Pferdewohl lohnen, da auf diese Weise Handlungen oder Haltungssysteme, die nicht im Sinne des Pferdes sind, nur sehr wenige oder gar weiterhin null Punkte erhalten. Es wäre klarer ersichtlich wer im Sinne des Pferdes handelt und nicht, was das geringste Übel darstellt.

Ein Blick auf dieses Bewertungssystem würde genügen, um die Leistung der echten Pferdemenschen, die auch jetzt schon im Sinne des Pferdes agieren, zu würdigen. Es würde den Blick dafür schärfen, wohin sich die Pferdeszene insgesamt bewegen muss, damit sie ihre Daseinsberechtigung nicht verliert. Es muss um das Miteinander mit dem Pferd gehen.

Die Welt und ihre allgemeinen ethischen Grundsätze haben sich in den letzten Jahren stark gewandelt. Es geht darum, den Pferdesport in die Moderne zu holen. Uns liegen wissenschaftliche Erkenntnisse über die Natur und das Verhalten des Pferdes und seine Bedürfnisse vor. Also nutzen wir sie doch im Sinne einer bestmöglichen Haltung und Versorgung. Wir haben das Wissen über moderne, gewaltfreie Ausbildungsmethoden und pferdefreundliche Ausrüstungsgegenstände. Also nutzen wir sie doch zur Förderung des Pferdewohls.

Es ist alles vorgedacht, es geht jetzt um die praktische Umsetzung der Grundlagen.

Um es mit der vermutlich vielen Reitern noch präsenten Stimme des inzwischen verstorbenen Pferdekenners Hans-Heinrich Isenbart zu sagen: *„Vergessen Sie die Pferde nicht.“*

NACHWORT

BE THE CHANGE!

Jeder kennt das berühmte Zitat von Erich Kästner: *„Es gibt nichts Gutes, außer man tut es.“* Das ist es, was ich Ihnen, liebe Leserin und lieber Leser, mit auf den Weg geben möchte. Bei sich selbst beginnen und dann ausdauernd handeln, das braucht die Pferdewelt. Das Einstehen für die Rechte des Pferdes beginnt im Kleinen und setzt sich wellenförmig bis zum großen Ganzen fort. Wir brauchen Positivbeispiele, an denen sich andere orientieren können. Wir benötigen geballtes Engagement, denn die Problemfelder sind, wie wir gesehen haben, mannigfaltig.

Ideen dazu gibt es viele. Wie wäre es zum Beispiel, zunächst einmal bei sich selbst und dem eigenen Pferd zu beginnen? Wo kann ich die Bedürfnisse meines Pferdes noch besser wahrnehmen und achten? Vielleicht, indem ich achtsamer werde, ob und wie viel Spaß mein Pferd im Alltag mit mir hat. Wenn man immer nur davon ausgeht, dass es dem eigenen Pferd gut geht, diese Annahme aber nie faktenbasiert überprüft, kann es sein, dass permanent außerhalb der Wohlfühlzone des Pferdes agiert wird. Fotos und Videos helfen da ungemein.

Betrachtet man sich selbst einmal von der Warte des Außenstehenden, so fallen einem mit genügend Abstand doch viel eher eigene Unzulänglichkeiten auf. Wann habe ich doch ungewollt am Zügel gezogen oder bin beim Leichttraben in den Sattel zurückgefallen?

All das zu erkennen und zu verstehen, was genau dem Pferd Stress oder gar Schmerzen bereitet, kann direkt dazu beitragen, etwas zu verändern. Unterricht zu nehmen, zu lernen und sich weiterzubilden ist im Sinne des Pferdes immer eine gute Idee.

Denn wir alle lernen nie aus und man kann es immer noch besser und schonender fürs Pferd machen. Beim Analysieren des Bildmaterials springen oft auch handfeste Auffälligkeiten beim Pferd ins Auge. Schweifschlagen, Zähneknirschen oder Taktunreinheiten sind eben nicht „normal", sondern Hinweise darauf, dass etwas nicht stimmt. Sei es, weil die Ausbildung des Pferdes verbessert, die Muskulatur trainiert oder gar eine unentdeckte Lahmheit behandelt werden sollte.

Einmal erkannt, kann man sofort ins Handeln kommen und auf Ursachenforschung gehen. Gemeinsam mit Tierarzt oder Therapeut kann so manchem Pferd geholfen werden, ein stressarmes und schmerzfreies Leben zu führen. Denn das ist eine Kernbotschaft, die ich mit diesem Buch vermitteln möchte: Pferde wollen gesehen werden. Nur wenn man sie in ihrer gesamten Persönlichkeit und mit ihrem körperlichen, gesundheitlichen Zustand wahrnimmt und die Aufgabe annimmt, ihnen ein großartiges Leben zu bereiten, wird man dem Anspruch gerecht, für das eigene Pferd einzustehen.

Auf der nächsten Ebene kann man beispielsweise die eigene Anlage näher unter die Lupe nehmen. Wo kann man gemeinsam mit Stallbetreiber und anderen Pensionären etwas für die Lebensbedingungen der Pferde verbessern? Manchmal sind tatsächlich größere bauliche Maßnahmen denkbar, manchmal vielleicht „nur" die Frage, wo unterschiedliche Zweige von verschiedenen Baumarten zu beziehen sind, um als Knabberäste zu dienen und den Pferden mehr Beschäftigung zu verschaffen. Es geht also bei diesem Aspekt um die gesamte Haltungsform und damit um Fragen, wie diese immer weiter verbessert werden kann, sodass man so viele Lebensbereiche wie möglich so artgerecht wie möglich gestalten kann.

Alles, was eine Bereicherung im Pferdeleben sein kann, ist willkommen. Es kann eine Bereicherung sein, die Fressdauer mit den eben erwähnten Zweigen zu verlängern. Ebenso kann man dasselbe Ziel durch das Angebot von gutem Futterstroh oder einer weiteren Heumahlzeit erreichen.

Alle diese Möglichkeiten können auch ineinandergreifen und so zu einem vielfältigeren Nahrungsangebot verhelfen. Ganz klar sind auch finanzielle Grenzen gesetzt, wenn es um die Verbesserung des Pferdebetriebs geht. Nicht überall wird ein kilometerlanger Trail rund um die Anlage möglich sein, und auch ein privater Badesee ist für die meisten Pferdehalter ein nicht umsetzbarer Luxus. Aber wie bereits erwähnt, es geht um die kleinen Schritte. Nicht darum zu beklagen, was alles aus welchen Gründen nicht geht, sondern ganz konkret um die Dinge, die mit überschaubarem Aufwand und Mitteln mehr oder weniger sofort umsetzbar sind.

Das kann meist mehr als man denkt sein und auf so mancher Weihnachtsfeier im Stall beim Brainstorming mit allen involvierten Personen eine lange inspirierende Liste mit möglichen Enrichment-Projekten für mehr Lebensfreude bei den Pferden erstellt werden. Vielleicht nur einen neuen Besen besorgen und als Kratzmöglichkeit an einer geeigneten Wand des Offenstalls befestigen? Kann man durch Zäune, Rundlauf oder Bodenveränderungen mehr Bewegungsanreize und ein spannenderes Umfeld schaffen? Aus einem Kunststoffwassergraben für den Springsport kann zum Beispiel eine mobile Wasserstation für die Pferde im Paddock werden. All das wird nur zu Realität, wenn man es auch umsetzt.

Für eine bessere Pferdewelt

Es gibt so viele Pferde auf dieser Welt, denen es schlechter geht als dem eigenen. Sei es, weil sie vernachlässigt und unterversorgt sind oder aber vom Menschen im Sport ausgebeutet und später abgeschoben wurden. Glücklicherweise gibt es inzwischen diverse Vereine, die sich um das Wohl benachteiligter oder ungewollter Pferde kümmern. Das Problem dabei ist, dass es noch viel zu wenige Vereine und Personen gibt, die in diesem Bereich aktiv sind. Pferdeschutz ist aufwendig und teuer, daher ist es aus meiner Sicht eine gute Idee, sich einmal auszurechnen, was wir Reiter alle tun können, um die Pferdewelt ein Stückchen schöner zu machen.

Kann ich gleich heute einen bestimmten Geldbetrag spenden? Geld ist für die allermeisten Pferdeschutzprojekte der springende Punkt. Um kranke oder alte Pferde aufpäppeln zu können, wird sehr viel Geld benötigt. Viel fließt auch in die Öffentlichkeitsarbeit, um andere Pferdemenschen zu informieren und Missstände aufzuzeigen. So denke ich, dass jeder von uns einmal überlegen kann, ob nicht doch noch etwas Geld übrig ist. Eine Schabracke weniger kaufen und stattdessen direkt Geld an den Pferdeschutz spenden. Jeder Cent wird dringend benötigt.

Alternativ gibt es auch häufig die Möglichkeit, Sachspenden zu sammeln. Bei den meisten Reitern liegt eine Menge ungenutztes Reitzubehör und Pferdeausrüstung herum. Diese Dinge können entweder direkt den Tierschutzpferden zugutekommen oder aber auch im Rahmen von Flohmärkten verkauft oder bei einer Tombola als Preis dienen.

Deshalb ist es stets eine gute Idee, einmal durchzusortieren, was wir abgeben könnten. Eventuell kann ich mich auch auf einem Schutzhof als Helfer eintragen lassen? Pferde machen sehr viel Arbeit, und auf einem solchen Hof immer etwas zu tun. Pferdeschutzvereine stehen vor dem Problem, dass einige wenige engagierte Personen ein unglaubliches Arbeitspensum bewältigen. Vielleicht kann ich also Helfer auf einem Hof werden? Oder wenigstens an einem Arbeits- oder Aktionstag mithelfen? Oder kann ich eine Patenschaft übernehmen oder Vereinsmitglied werden? Damit Pferdeschutzvereine überleben und ihre Hilfe ausweiten können, brauchen sie sowohl aktive als auch passive Mitglieder. Darüber hinaus benötigen sie oft Paten für bestimmte Schutzhofpferde oder einzelne Projekte. Wo kann ich mich also im Internet informieren, welche Projekte mir zusagen und so direkt Verantwortung übernehmen?

Die dritte Ebene, in der wir alle den Hebel ansetzen können, um die Rechte der Pferde zu wahren, ist unser Konsumverhalten im weitesten Sinne. Wohin fließt unser Geld? Kaufen wir Ausrüstungsgegenstände bei Anbietern, die auch Produkte im Angebot haben, die den Missbrauch am Pferd fördern? Dann sollten wir dort nicht mehr kaufen. Sind wir nicht einverstanden mit den Bedingungen in der technisierten Pferdezucht? Dann sollten wir dort kein Pferd kaufen. Veranstaltungen können von uns boykottiert werden. Wenn kein Geld mehr in missbräuchliche Nutzung von Pferden fließt, wird diese naturgemäß seltener. Stattdessen können wir mit unserem Geld den Markt steuern und Positivbeispiele aus allen Bereichen unterstützen. Sowohl finanziell als auch mit unserem begeisterten Feedback in sozialen Netzwerken, mit einer Buchrezension, einem Kursbericht oder einem Kundenfeedback, um andere Pferdemenschen auf gute Inhalte und pferdefreundliche Arbeit aufmerksam zu machen. Feiern wir die Helden der Pferdewelt, die es wirklich verdient haben.

Ich denke wir Pferdeliebhaber sind allesamt dafür verantwortlich, dass die Pferdewelt sich positiv verändert und stetig weiterentwickelt.

Packen wir es also gemeinsam an, denn es gibt viel zu tun.

Marlitt Wendt

SERVICE

QUELLEN

Aurich, J., Wulf, M., Ille, N., Erber, R., von Lewinski, M., Palme, R., Aurich, C.: **Effects of season, age, sex, and housing on salivary cortisol concentrations in horses.** Domestic Animal Endocrinology (2015) 52, S. 11–16

Boissy, A., Manteuffel, G., Jensen, M. B., Oppermann Moe, R., Spruijt, B., Keeling, L. J., Winckler, C., Forkman, B., Dimitrov, I, Langbein, J., Bakken, M., Veissier, I., Aubert, A. (2007): **Assessment of positive emotions** in animals to improve their welfare. Physiology & Behavior, 92, S. 375–397

Briard, L., Deneubourg, J. L., Petit, O.: **How stallions influence the dynamic of collective movements in two groups of domestic horses, from departure to arrival.** Behav Processes (2017) 142, S. 56–63. doi: 10.1016/j.beproc.2017.05.014.

Bohnet, W.: **Ausdrucksverhalten zur Beurteilung von Befindlichkeiten bei Pferden**, Deutsche tierärztliche Wochenschrift (2007) 114 (3), S. 91–97

Briefer, E. F., Mandel, R., Maigrot, A.-L., Briefer-Freymond, S., Bachmann, I., Hillmann, E. (2017): **Perception of emotional valence in horse whinnies.** Frontiers in Zoology 14:8 DOI 10.1186/s12983-017-0193-1

Briefer-Freymond, S., Briefer, E. F., Zollinger, A., Gindrat-von Allmen, Y., Wyss, C., Bachmann, I. (2014): **Behaviour of horses in a judgment bias test associated with positive or negative reinforcement.** Applied Animal Behaviour Science 158, S. 34–45

Briefer-Freymond, S., Bardoua, D., Briefer, E. F., Bruckmaier, R., Fouché, N., Fleury, J., Maigrota, A.-L., Ramseyer, A., Zuberbühler, K., Bachmann, I. (2015): **The physiological consequences of crib-biting in horses in response to an ACTH challenge test.** Physiol. & Behav. 151, S. 121–128

Bundesministerium für Ernährung, Landwirtschaft und Verbraucherschutz (Hrsg): **Die Leitlinien zur Beurteilung von Pferdehaltungen unter Tierschutzgesichtspunkten.** (2009)

Bundesministerium für Ernährung, Landwirtschaft und Verbraucherschutz (Hrsg): **Die Leitlinien zu Umgang mit und Nutzung von Pferden unter Tierschutzgesichtspunkten.** (2009)

Dalla Costa, E., Minero, M., Lebelt, D., Stucke, D., Canali, E., et al.: **Development of the Horse Grimace Scale (HGS) as a Pain Assessment Tool in**

Horses Undergoing Routine Castration. In: PLoS ONE 9(3): e92281. doi:10.1371/journal.pone.0092281, Zürich (2014)
Dai, F., Cogi, N. H., Heinzl, E. U. L., Dalla Costa, E., Canali, E., Minero, M. (2015): **Validation of a fear test in sport horses using infrared thermography.** Journal of Veterinary Behavior, 10, S. 128–136
Darwin, C.: **The Expression of the Emotions in Man and Animals.** (1872)
Deutsche Reiterliche Vereinigung FN (Hrsg.): **Die Ethischen Grundsätze des Pferdefreundes.** (1995)
Dyson, S., Berger, J., Ellis, A., Mullard, J.: **Development of an ethogram for a pain scoring system in ridden horses and its application to determine the presence of musculoskeletal pain.** In: Journal of Veterinary Behavior 23 (2018), S. 47–57
Engl, V.: **Time Budgets bei Pferden** – Der aktuelle Stand der Forschung. Diplomarbeit Veterinärmedizinische Universität Wien (2020)
Farm Animal Welfare Council (Hrsg.): **FAWC updates the five freedoms.** In: Vet. Rec. 17, 357 (1992)
Fureix, C., Gorecka-Bruzda, A., Gautier, E., Hausberger, M.: **Cooccurrence of Yawning and Stereotypic Behaviour in Horses** (Equus caballus). In: ISRN Zoology (2011), Article ID 271209
Fureix, C., Jego, P., Henry, S., Lansade, L., Hausberger, M.: **Towards an Ethological Animal Model of Depression?** A Study on Horses. In: PLoS ONE 7(6) (2012)
Galizzi Vecchiotti, G., Galanti, R.: **Evidence of heredity of cribbing, weaving and stall-walking in thoroughbred horses.** In Livestock Production Science (1986) 14, S. 91–95
Guérinière, R.: Ecole de Cavalerie. (1733)
Hall, C., Hamilton, K., Lancaster, B. E.: **Equine conflict behaviors in dressage and their relationship to performance evaluation**. Journal of Veterinary Behavior (2022) 55–56, S. 48–57
Hausberger, M., Muller, C., Lunel, C.: **Does Work Affect Personality?** A Study in Horses. In: PLoS ONE 6(2): e14659. doi:10.1371/journal.pone.0014659, Rennes (2011)
Hintze, S., Smith, S., Patt, A., Bachmann, I., Würbel, H.: **Are Eyes a Mirror of the Soul?** What Eye Wrinkles Reveal about a Horse's Emotional State. In: PLoS ONE 11(10): e0164017. doi:10.1371/journal.pone.0164017, Melbourne (2016)
Hopster, H., Bruckmaier, R. M., Van der Werf, J. T., Korte, S. M., Macuhova, J., Korte-Bouws, G. (2002): **Stress responses during milking: comparing conventional and automatic milking in primiparous dairy cows.** J. Dairy Sci. 85, 3, S. 206–216.

Ille, N., von Lewinski, M., Erber, R., Wulf, M., Aurich, J., Möstl, E., Aurich, C.: **Effects of the level of experience of horses and their riders on cortisol release, heart rate and heart rate variability during a jumping course.** Anim. Welfare. (2013) 22, S. 457–465.

Keeling, L. und Jensen, P.: **Abnormal Behaviour, Stress and Welfare.** In: The Ethology of Domestic Animals: An Introductory Text. Edited by Jensen P. 3rd Edition. Cabi. (2017)

Kienapfel, K. et al.: **Comparison of different head and neck positions and behaviour in ridden elite dressage horses between warm-up and competition** (2021)

Kienzle, E., et al.: **Field study on risk factors for free fecal water in pleasure horses.** Journal of Equine Veterinary Science (2023)

Koolhaas, J. M., Korte, S. M., De Boer, S.F., Van der Vegt, B., J., Van Reenen, C.G., Hopster, H., De Jong, I.C., Ruis, M.A.W., Blockhuis, H. J. (1999): **Coping styles in animals: current status in behavior and stress-physiology.** Neuroscience and Biobehavioral Reviews 23, S. 925 – 935

Krüger, K., Flauger, B., Farmer, K., Hemelrijk, C: **Movement initiation in groups of feral horses.** Behavioural Processes. (2014) 103, S. 91–101

McDonnell, S.: **The Equid Ethogram – A practical field guide to horse behavior,** Boston, 2003

McDonnell, S.M., Haviland, J.C.S.: **Agonistic ethogram of the equid bachelor band.** In: Appl. Anim. Behav. Sci. (1995) 43, S. 147–188

McGreevy, P.: **Equine Behavior – A guide for Veterinarians and Equine Scientists,** London 2004

McGreevy, P., McLean, A.N.: **Roles of learning theory and ethology in equitation.** In: Journal of Veterinary Behavior (2007) 2, S. 108–118

McGreevy, P., Hartmann, E., Christensen, J.W.: **Dominance and leadership: Useful concepts in human-horse interactions?** In: Journal of Equine Veterinary Science (2012) 52, S. 1–9

Panksepp, J.: **Affective Neuroscience.** The Foundations of Human and Animal Emotions. Oxford University Press, Oxford (1998)

Panksepp, J., Burgdorf, J.: **50 kHz-chirping (laughter?) in response to conditioned and unconditioned tickle-induced reward in rats:** effects of social housing and genetic variables. Behav. Brain Res. (2000) 115, S. 25–38

Panksepp, J.: **„The Chemistry of Caring“.** In: M. Bekoff (Hrsg.), The Smile of a Dolphin: Remarkable Accounts of Animal Emotions. New York, Discovery Books (2000)

Pawluski, J., Jego, P., Henry, S., Bruchet, A., Palme, R., Coste, C.: **Low plasma cortisol and fecal cortisol metabolite measures as indicators of compromised welfare in domestic horses** (Equus caballus). PLoS ONE 12(9): e0182257. https://doi.org/10.1371/journal.pone.0182257 (2017)

Reid, K., Rogers, C.W., Gronqvist, G., Gee, E.K., Bolwell, C.F. (2017): **Anxiety and Pain in Horses Measured by Heart Rate Variability and Behavior. Journal of Veterinary Behaviour**. 22, S. 1–6

Sankey, C., Henry, S., Gorecka-Bruzda, A., Richard-Yris, M.-A., Hausberger, M.: **The Way to a Man's Heart Is through His Stomach: What about Horses?** In: PLoS ONE 5(11): e15446. doi:10.1371/journal.pone.0015446 (2010)

Schmidt, A., Möstl, E., Wehnert, C., Aurich, J., Müller, J., Aurich, C.: **Cortisol release and heart rate variability in horses during road transport**. Horm. Behav. (2010a) 57, S. 209–215

Selye H. (1974): Stress: Bewältigung und Lebensgewinn, Piper Verlag, München.

Sigurjónsdóttir, H., Van Dierendonck, M.C., Snorrason S., Thorhallsdottir, A.G.: **Social relationships in a group of horses without a mature stallion.** Behavior (2003) 140, S. 783–804

Steinbrecht, G.: **Gymnasium des Pferdes**, Ausgabe FN-Verlag

Stucke, D. und Zeitler-Feicht, M. H. (2017): **Schmerzerkennung. Voraussetzung für eine adequate Behandlung beim Pferd**. Tierärztezeitung, S. 56–61

Wathan, J., Burrows, A.M., Waller, B.M., McComb, K.: EquiFACS: **The Equine Facial Action Coding System.** In: PLoS ONE 10(8): e0131738. doi:10.1371/journal.pone.0131738, Zürich (2015)

World Health Organization (Hrsg.): **Global status report on violence prevention.** (2014)

Wulf, M., Erber, E., Ille, N., Beythien, E., Aurich, J., Aurich, C.: **Effects of foal sex on some perinatal characteristics in the immediate neonatal period in the horse**. Journal of Veterinary Behavior (2017) 18, S. 37–42

Yarnell, K., Hall C, Royle, C., Walker, S.L.: **Domesticated horses differ in their behavioural and physiological responses to isolated and group housing.** Physiology & Behavior (2015) 143, S. 51–57.

Zeitler-Feicht, M.H.: **Handbuch Pferdeverhalten**, Ursachen, Therapie und Prophylaxe von Problemverhalten. Ulmer, 3. Aufl., Stuttgart (2015)

NÜTZLICHE ANLAUFSTELLEN

Deutsche Reiterliche Vereinigung (FN)
Freiherr-von-Langen-Straße 13
D-48231 Warendorf
Tel.: +49 (0) 2581-6362-0
E-Mail: hlagershausen@fn-dokr.de
www.pferd-aktuell.de

Vereinigung der Freizeitreiter und -fahrer in Deutschland e.V. (VFD)
Grenzstraße 23
D-27239 Twistringen
Tel. +43 (0) 4243-942404,
E-Mail: vfd@vfdnet.de
www.vfdnet.de

Österreichischer Pferdesportverband (OEPS)
Geiselbergstraße 26-32/Top 512
A-1110 Wien
Tel. +43 (0) 17499261
E-Mail: office@oeps.at
www.oeps.at

Schweizerischer Verband für Pferdesport (SVPS)
Papiermühlestraße 40 H
CH-3000 Bern 22
Tel. +41 (0) 313354343
E-Mail: info@fnch.ch
www.fnch.ch

Bundesministerium für Ernährung und Landwirtschaft
www.bmel.de

Bundesministerium der Justiz
www.gesetze-im-internet.de

Deutscher Tierschutzbund e.V.
Bundesgeschäftsstelle
In der Raste 10
D-53129 Bonn
E-Mail: bg@)tierschutzbund.de
www.tierschutzbund.de

Pferdehilfe pro Equine e.V.
Eiberger Straße 1
D-44879 Bochum
E-Mail: info@pferdehilfe-pro-equine.eu
www.pferdehilfe-pro-equine.eu

KoMeT e.V. (Kooperation Mensch und Tier e.V.)
Kerpenerstraße 13
D-52388 Nörvenich Rath
Telefon: 02126-45 93 993
E-Mail: info@komet-network.de
www.komet-network.de

Vier Hufe im Glück e.V.
Wellingsbüttler Weg 114
D-22391 Hamburg
www.4hufeimglueck.com

Equiwent gemeinnützige GmbH
Tie 7
D-48336 Sassenberg
E-Mail: info@equiwent.org
www.equiwent.org

Tierärzte ohne Grenzen e.V.
Marienstraße 19–20
D-10117 Berlin
E-Mail: info(at)togev.de
www.togev.de

Pferdeklappe e.V.
Ruruper Straße 42
D-24392 Norderbrarup
E-Mail: info@erste-pferdeklappe.de
www.erste-pferdeklappe.de

Verein für misshandelte Tiere e.V.
Dorfstraße 5
D-38319 Klein Biewende
E-Mail: gnadenhof-niedersachsen@web.de
www.gnadenhof-niedersachsen.de

Tier und Naturschutzbund Berlin-Brandenburg e.V.
Ketziner Straße 9
D-14641 Nauen
E-Mail: post@tnbbev.de
www.tnbbev.de

TSV Arche Euregio Aachen e.V.
Hüpchensweid 11
D-52146 Würselen
E-Mail: gnadenhof@arche-aachen.de
www.arche-aachen.de

Pferdeschutzverein PRO EQUIS e.V.
Eulenmühle
D-55218 Ingelheim
E-Mail: info@eulenmuehle.de
www.eulenmuehle-proequis.de

Arche KaNaum
Landstraße 111
D-34454 Bad Arolsen-Mengeringhausen
E-Mail info@arche-kanaum.de
www.arche-kanaum.de

Gnadenhof Emmrich e.V.
Bergsiedlung 7
D-06905 Bad Schmiedeberg
E-Mail: armetiere@gnadenhof-emmrich.de
www.gnadenhof-emmrich.de

Pro Animale für Tiere in Not e.V.
Heugasse 1
D-96231 Bad Staffelstein OT Uetzing
E-Mail zentrale-sw@pro-animale.de
www.tierherberge-pro-animale.de

Tierschutzbund Austria
Tullnerstraße 78
A-2000 Stockerau
E-Mail: office@tsba.at
www.tsba.at

Gut Aiderbichl Henndorf bei Salzburg
Berg 20
A-5302 Henndorf am Wallersee
E-Mail: info@gut-aiderbichl.com
www.gut-aiderbichl.com

Schweizer Tierschutz Sts
Dornacherstrasse 101; Postfach
CH-4018 Basel
E-Mail: sts@tierschutz.com
www.tierschutz.com

Stiftung für das Pferd
Le Roselet
CH-2345 Les Breuleux
E-Mail: info@philippos.ch
www.philippos.ch

IMPRESSUM

Umschlaggestaltung von Atelier GRAMISCI Editorialdesign/Isabelle Fischer, München unter Verwendung von fünf Farbfotos von Christiane Slawik (U1, U4, Klappen) und einem Foto von Cornelia Ranz (Klappe/Porträt Marlitt Wendt).

Alle Angaben und Methoden in diesem Buch sind sorgfältig recherchiert, erwogen und geprüft. Sie entbinden den Pferdefreund nicht von der Eigenverantwortung für sein Tier und sich selbst. Die Anwendung der beschriebenen Methoden liegt in eigener Verantwortung. Der Verlag und die Autorin übernehmen keine Haftung für Personen-, Sach- oder Vermögensschäden, die aus der Anwendung der vorgestellten Materialien und Methoden entstehen.

FSC www.fsc.org MIX Papier | Fördert gute Waldnutzung FSC® C014889

Gedruckt auf chlorfrei gebleichtem Papier

ISBN 978-3-440-15961-3
Redaktion: Gudrun Braun
Produktion: Claudia Frank
Satz: DOPPELPUNKT, Stuttgart
Druck und Bindung: Friedrich Pustet GmbH & Co. KG, Regensburg
Printed in Germany / Imprimé en Allemagne